超高大跨重荷模板支撑体系研究与应用

蔡雪峰　庄金平　周继忠　郑永乾　著

U0332822

中国建筑工业出版社

图书在版编目(CIP)数据

超高大跨重荷模板支撑体系研究与应用/蔡雪峰等著．—北京：中国建筑工业出版社，2012.7

ISBN 978-7-112-14536-2

Ⅰ．①超… Ⅱ．①蔡… Ⅲ．①大跨度结构—模板—建筑工程—工程施工—研究 Ⅳ．①TU755.2②TU399

中国版本图书馆 CIP 数据核字(2012)第 170839 号

本书系统地论述了作者近几年来在超高大跨重荷结构模板支撑体系方面取得阶段性理论和试验研究成果，主要内容包括：模板高支撑体系事故及原因分析结果；直角扣件和旋转扣件的节点抗扭、抗滑性能试验，回归各种情况的本构关系研究结果；超高大跨重荷模板支撑体系现场实测，整体内力分析研究结果；超高大跨重荷模板支撑体系整体性能有限元分析研究结果；超高大跨重荷模板支撑体系的计算方法、构造要求的建议。

本书体系完整，理论性与实用性兼顾，可供土建类专业的工程技术人员、高等院校土建类专业教师、研究生、高年级的本科生以及相关科技人员参考。

* * *

责任编辑：郦锁林
责任设计：赵明霞
责任校对：肖 剑 关 健

超高大跨重荷模板支撑体系研究与应用
蔡雪峰 庄金平 周继忠 郑永乾 著
*
中国建筑工业出版社出版、发行(北京西郊百万庄)
各地新华书店、建筑书店经销
北京天成排版公司制版
北京中科印刷有限公司印刷
*
开本：787×1092 毫米 1/16 印张：8 字数：192 千字
2012 年 8 月第一版 2012 年 8 月第一次印刷
定价：**24.00** 元
ISBN 978-7-112-14536-2
(22616)

版权所有 翻印必究
如有印装质量问题，可寄本社退换
(邮政编码 100037)

前 言

随着国家经济的发展，对建筑的功能要求越来越高，超高、大跨、超重结构在工程建设中越来越多，如大型体育馆、跨海大桥、超高建筑中的转换层结构等。因此，对超高、大跨、超重结构相应的施工技术的可行性、安全性、经济性的要求也越来越高，尤其超高、大跨、超重结构模板支撑体系的设计是保证其工程质量及施工安全的关键技术。

近年来，超高大跨结构模板支撑体系倒塌事故时有发生，其原因较复杂：模板支撑体系设计不合理、施工误差大、控制不严格，材料缺陷等原因。虽然，国家相关部门针对超高大跨模板支撑体系制定了一些相应的控制措施，主要是通过增加一些构造措施来确保施工质量，但对设计方法、荷载取值等仍采用普通模板支撑体系的设计方法。而超高大跨结构模板支撑体系的受力特性与普通模板支撑体系的受力特性确有较显著的区别，如弯矩二阶效应更加显著、扣件对接节点更多薄弱处。因此，对超高大跨模板支撑体系进行系统的研究，提出更完整、可靠的设计方法和控制措施已势在必行。

目前，国内外对超高、大跨、超重结构的模板支撑体系的研究尚未深入、系统。撰写本书的目的，拟通过对超高、大跨、超重结构的模板支撑体系搭设因素建立模糊综合评价数学模型，得到各因素对承载力的影响程度，并对影响大的因素，进行施工误差分析，主要包括材料质量、扣件拧紧扭矩、立杆垂直度、立杆外伸长度、扫地杆布置、剪刀撑布置等大量的抽测，根据各因素影响程度和施工误差的概率大小，确定施工中重点控制部位和危险源；同时进行堆载试验和施工现场的实测，分析各因素对超高大跨模板支撑内力和变形的分布规律，包括模板面板刚度、平整度、混凝土浇筑方式、支撑高度、楼(屋)面形式等。然后，在试验研究结果的基础上，采用有限元软件，分析其工作机理，并提出可供工程实践参考和运用的超高、大跨、超重结构的模板支撑体系设计方法。

超高大跨结构模板支撑体系稳定承载力的研究，是一个复杂问题，而且其施工过程中各因素相互影响，错综复杂，诱发失稳的原因也因施工过程的随机性各工程并不相同，书中的一些论点仅代表作者对这些问题的认识，对书中存在的不足乃至错误之处，谨请读者批评指正。

本书的研究工作主要得到了福建省科技重点项目(项目编号：2007H0001)和福建省自然科学基金(项目编号：E0710001)的资助，此外还先后获得福建省发改委项目(闽发改[2007] 877 号)、福建省海西重点项目(GY-HX09007)、福建省质量安全监督总站等科研项目的资助，特此致谢！

本书作者感谢他们的研究生对本书所论述内容作出的重要贡献，如吴建亮、庹明贝等完成了大量的试验和计算工作，特向他们表示由衷的感谢！

本书作者感谢林增忠、林华强、戴益华、吴建雄、吴平春、林宫宝等工程界的合作者们，为作者提供过工程项目实测工地，并在研究过程中给予大力支持与合作。

本书的研究工作得到福建工程学院施工教研室全体教师、福建省质量安全监督总站、福建省建工集团、中建七局三公司、福建一建建设集团的大力支持，在此表示衷心的感谢！

目　录

第1章　绪论 …… 1

1.1　脚手架与模板支撑技术的发展概况 …… 1

1.2　模板支撑体系的研究现状 …… 2

1.2.1　国内扣件式脚手架与模板支撑体系的研究现状 …… 2

1.2.2　国外研究现状 …… 4

1.3　超高大跨重荷模板支撑体系的特点 …… 5

1.3.1　超高大跨重荷模板支撑体系的概念 …… 5

1.3.2　超高大跨重荷模板支撑体系的特点 …… 7

1.4　模板高支撑体系事故及原因分析 …… 8

1.5　本书的研究目的、内容、方法 …… 10

第2章　模板高支撑构造影响因素分析 …… 11

2.1　模板高支撑体系稳定性模糊综合评价 …… 11

2.1.1　模糊综合评价数学模型 …… 11

2.1.2　模板高支撑体系稳定影响因素分析 …… 14

2.2　影响因素施工误差调查 …… 27

2.2.1　材料 …… 27

2.2.2　扣件拧紧扭矩 …… 29

2.2.3　立杆 …… 34

2.2.4　立杆外伸长度 …… 40

2.2.5　扫地杆布置 …… 42

2.2.6　剪刀撑布置 …… 43

2.3　构造因素综合分析 …… 44

2.3.1　构造因素施工误差汇总 …… 44

2.3.2　构造因素综合分析 …… 45

2.4　本章小结 …… 46

2.4.1　各构造因素对模板支撑稳定性的影响 …… 46

2.4.2　施工中各因素的误差程度 …… 47

2.4.3　危险源确定 …… 47

第3章　钢管扣件节点性能试验研究 …… 48

3.1　扣件节点试验总体概况 …… 48

3.2　直角扣件抗扭性能试验 …… 49

3.2.1　试验方案 …… 49

3.2.2 试验方法 …… 50
3.2.3 试验现象与结果分析 …… 51
3.2.4 直角扣件抗扭本构关系拟合 …… 55
3.3 直角扣件抗滑性能试验 …… 59
3.3.1 试验方案 …… 59
3.3.2 试验方法 …… 60
3.3.3 试验现象与结果分析 …… 61
3.3.4 直角扣件抗滑本构关系拟合 …… 66
3.4 旋转扣件抗滑性能试验 …… 70
3.4.1 试验方案 …… 70
3.4.2 试验现象与结果分析 …… 71
3.4.3 旋转扣件抗滑本构关系拟合 …… 75
3.5 本章小结 …… 79
第 4 章 模板支撑整体性能试验 …… 80
4.1 整体单元试验 …… 80
4.1.1 试验方法 …… 80
4.1.2 试验结果 …… 81
4.2 高大模板施工现场实测 …… 86
4.2.1 超高大跨梁底模板支撑立杆内力实测 …… 86
4.2.2 超高大跨梁板支撑体系立杆内力实测 …… 91
4.3 本章小结 …… 100
第 5 章 高大模板扣件式钢管支撑体系整体受力性能有限元分析 …… 101
5.1 概述 …… 101
5.2 有限元分析模型 …… 101
5.2.1 材料参数 …… 101
5.2.2 分析模型 …… 102
5.2.3 分析结果 …… 103
5.3 算例分析 …… 105
5.3.1 丹宁顿小镇别墅 …… 105
5.3.2 家天下二期小学工程 …… 105
5.3.3 福建工程学院新校区南区系部 E 组团工程 …… 107
5.4 承载力影响因素分析 …… 109
5.4.1 拧紧扭力矩 T …… 109
5.4.2 支撑高度 H …… 110
5.4.3 横杆步距 h …… 111
5.4.4 立杆纵距 l_a …… 113
5.4.5 立杆横距 l_b …… 113
5.4.6 初始缺陷 …… 114

5.4.7 连墙件布置 …………………………………………………………… 115
5.5 实用计算方法 …………………………………………………………… 115
5.6 计算算例 …………………………………………………………………… 116
5.7 结论 ………………………………………………………………………… 117
参考文献 ………………………………………………………………………… 118

第1章　绪　　论

1.1　脚手架与模板支撑技术的发展概况

脚手架与模板支撑体系是伴随着建筑工程施工的需求而产生的，同时也是随着模板工程技术的进步而相应得到发展的。

由于工程建设的需要，许多国家都形成了各自常用的不同形式的模板支撑体系。我国目前最为常用的模板支撑体系为扣件式钢管模板支撑体系，如图1-1所示。它具有承载力较大、装拆方便、搭设灵活、加工简便、搬运方便、通用性强等特点。但同时也存在着扣件容易丢失、节点偏心、人为操作因素影响较大等缺点。

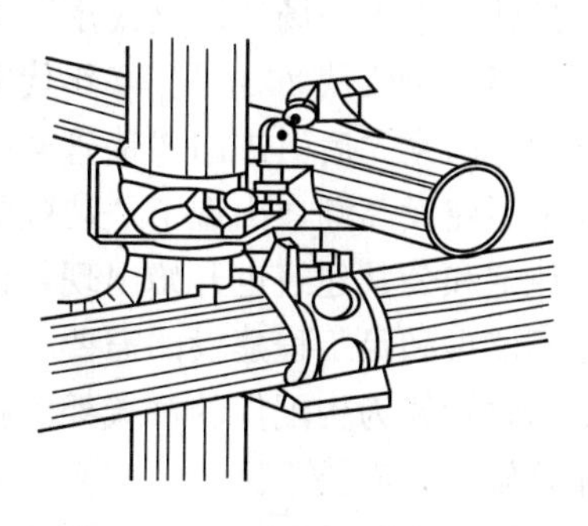

图1-1　扣件式钢管支撑

对于模板支撑架体系的发展，要追溯到20世纪50年代，门式支架在美国首次被成功研制，如图1-2所示。此后在施工现场中得到迅速使用和发展，它具有承载能力好、安全可靠等相关优点。德国、法国等国家研制和应用了与门式支撑相似的梯形、四边形和三角形等模板支撑体系。在欧洲、日本等国家，目前门式支撑架是使用量最大的支撑体系，占各类支撑体系约一半左右。随后进入20世纪60年代以来，碗扣式钢管脚手架及支撑体系得到大量开发和应用，特别在欧洲各国应用较为广泛，如图1-3所示。目前我国对碗扣式钢管支撑架的使用量也呈增长趋势，这种支撑结构形式和扣件式钢管支撑基本相似，但比扣件式钢管支撑架体系的稳定性要高，而不足之处在于使用上，其搭设尺寸远不如扣件式钢管支撑架体系灵活方便。

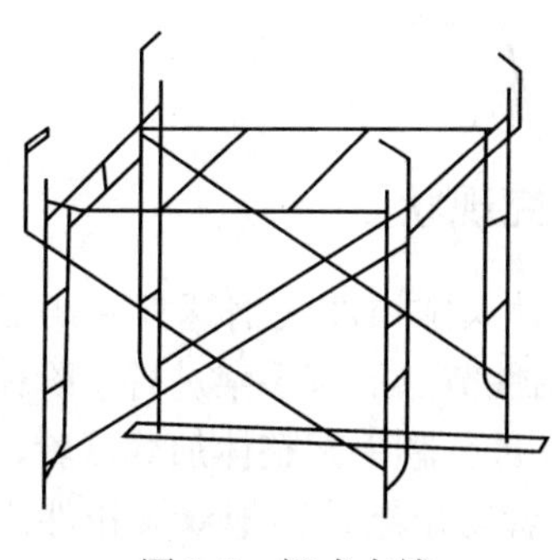

图1-2　门式支撑

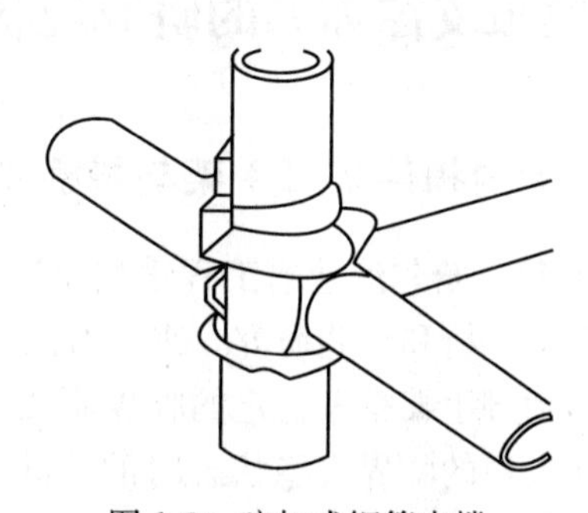

图1-3　碗扣式钢管支撑

虽然扣件式钢管模板支撑架有着各种不足之处，且一些新型的支撑架体系也处在不断地研究并尝试实践使用中。但迄今为止，扣件式钢管支撑架在我国仍是使用量最大、应用最普遍的支架体系，约占使用总量的70%以上，在今后较长时间内，这种形式的支撑架在施工中仍将占主导地位。

脚手架与模板支撑技术一直以来在国家建设中发挥了举足轻重的作用。该技术的产生和发展历史基本可以分为三个阶段：

第一阶段从20世纪50年代到60年代，这一阶段可称其为自然发展阶段，这也是缘于它继承了中国文化传统，以“师傅带徒弟”的形式传授搭架子工艺技术，建筑施工的需要是其发展的推动力。这个阶段正值我国的第一和第二个五年计划期间，中国大规模地进行工业化建设，由于当时的技术条件有限，基本上都是以多层民用建筑、单层工业厂房、少量的多层工业厂房和高耸结构为主。虽然受到经济条件和技术水平的限制，只有杉篙及竹木作为脚手架的主体材料，但是我国脚手架工人积极发挥传统技艺，依然较好地完成了当时各项工程建设任务，基本上保证了脚手架的施工需求[1]。

但是，随着建筑规模的不断扩大，搭设脚手架及模板支撑架的竹木材料越来越紧缺，于是就带来了一场“以钢代木”的建筑施工领域的技术革新运动。

第二阶段从20世纪70年代末到90年代，以钢管脚手架为主体，我国从日本、美国、英国等国家先后引进门式钢管架等新型脚手架，此时正值改革开放，国家大兴土木，我国迎来了建设高潮，出现了“装配式大板体系”、“大模板体系”等新型钢筋混凝土结构，高层住宅和公共建筑也开始出现，由于这些新型建筑体系的出现，单纯地使用多立杆脚手架已不能再满足工程建设的需要。于是我们的脚手架与模板支撑体系研发工作者，研究开发了以钢管架为构配件的桥式架、插口架、挂架、吊篮架等一系列专用脚手架，以此来适应建筑施工的需要[2]。

第三阶段从20世纪90年代末一直延续到现在，随着城市化进程的迅猛发展以及国家对基础设施的大力投资，特别是随着高层建筑技术的不断成熟和现代结构技术的发展，各种新型模板脚手架及应用技术不断涌现，并朝着系列化、多样化、工具化和商品化的方向迈进[3]。在门式架、碗扣架、方塔架、插卡架等支撑形式的基础上，工程师们还研制开发出了适用于高层和超高层建筑工程的附着式升降架——爬架，形式各异，效益显著，不仅结束了高层建筑外脚手架必须“拔地而起”的落后局面，也使我国的外脚手架技术迈上了一个新台阶。

1.2 模板支撑体系的研究现状

1.2.1 国内扣件式脚手架与模板支撑体系的研究现状

1989年，哈尔滨建筑工程学院徐崇宝教授等人[4]对双排扣件式钢管脚手架工作性能进行了理论分析和试验研究，采用有限元方法对理想刚性节点的脚手架进行一阶弹性稳定分析，得到脚手架整架稳定的临界荷载值及失稳模态；进行脚手架整体加载试验，得到脚手架整体失稳的临界失稳状态时的荷载-位移曲线；作者得出结论：把双排扣件式钢管脚手架视为节点半刚性连接的多层多跨空间框架是正确的；脚手架是沿它的横向整体失稳破坏的；当扣件拧紧扭力矩不足时，将大大降低脚手架的稳定承载能力。

1990年，青岛建筑工程学院袁欣平等人[5,6]通过对水平杆的水平偏差值和立杆垂直度偏差值的实测数据进行数理统计分析，提出了纵横杆水平度和立杆垂直度的合理偏差限值。

1991年，哈尔滨建筑工程学院黄宝魁等人[7]在徐崇宝教授试验的基础上又更为详细地分析了影响脚手架稳定的各种因素：步距、连墙点间距、扣件紧固扭矩、横向支撑、立杆横距、纵向支撑、连墙点花排与并排、立杆纵距及水平支撑、偏心荷载等。

1994年，吉林建筑工程学院尹德生[8,9]提出直角扣件节点抗扭刚度的试验方法及理论依据，建立更加符合实际的扣件架计算模型以及钢管截面弯矩和轴力的电测方法。

1998年，华北矿业高等专科学校张曼莉、刘晓薇[10]采用电测法实测了扣件式钢管支撑架的立杆内力，通过对支架承载力分析得出结论：①扣件式钢管模板支撑架是经济可行的，其设计计算理论还需要得到进一步深入研究；②扣件式钢管模板支撑架的稳定承载力估算公式为 $N_k=\dfrac{k_0 \cdot P_{0cr}}{k \cdot k_1}$；③确保工程安全应设置剪刀撑以保证支撑体系的侧向稳定。

2000年，同济大学敖鸿斐[11]应用有限元方法对双排落地式扣件钢管支架进行二阶弹塑性稳定分析，试验获得扣件的扭转刚度，提出脚手架的节点是半刚性连接。其试验值与理论结果吻合较好，说明二阶弹塑性理论分析更符合实际情况。

2003年，东南大学李维滨等人[12]对7种梁底扣件式钢管支撑进行了足尺试验，试验分析的结论：①模板支架的承载力由扣件的抗滑承载力控制；②单扣件抗滑承载力设计值取8kN，双扣件抗滑承载力设计值取12kN；③扫地杆和剪刀撑可以提高模板支撑架的整体稳定性；④梁下立杆应互相拉结形成整体，增强杆底支撑的稳定性。

2004年，浙江工业大学杨俊杰、章雪峰等人[13]通过现场实测试验，研究了不同高度支撑架内力随混凝土浇筑过程的变化规律。通过研究发现高支撑立杆不同高度轴力分布的不均匀性以及基本变化规律，发现了水平杆、剪刀撑对立杆稳定的影响规律以及混凝土浇筑路径对支撑体系内力的影响特点。

2006年，浙江大学袁雪霞、金伟良[14]对直角扣件的抗扭刚度进行了试验研究，考虑扣件连接的半刚性特点，建立扣件式钢管支模架三维有限元模型进行稳定承载力分析，采用线性屈曲和非线性屈曲分析方法深刻地探讨了影响支模架稳定承载力的各种因素，指出扣件拧紧扭力矩为40N·m是经济合理的。

2008年，东南大学肖炽等人[15]通过对直角扣件施加不同的扭紧力矩，对新旧扣件进行试验研究，得出扣件螺栓扭紧力矩与抗滑移的关系，并提出抗滑移系数的概念；同时指出扣件式钢管支架安装时扣件扭紧力矩必须≥40N·m。

2008年，姜旭等人[16]对三跨两步脚手架体系进行试验研究，实测得到脚手架的极限承载力、破坏模态及荷载-位移曲线。采用通用有限元分析软件SAP和ANSYS对试验架体建立有限元计算模型，考虑材料非线性及结构几何非线性进行非线性极限承载力分析，并分别用弹簧单元模拟梁柱节点的转动刚度和抗滑移刚度，对弹簧单元刚度大小对整个结构进行参数分析。

2008年，胡长明等人[17]进行扣件半刚性节点试验，得到扣件螺栓拧紧扭力矩与节点抗扭刚度关系。采用SAP 2000建立支架有限元计算模型，通过在每个节点上施加承载力0.1%的水平力模拟模板支架的初始缺陷精确计算模板支架的稳定承载力。当扣件节点螺栓拧紧扭力矩小于30N·m时模板支架的稳定承载力明显下降。

2009 年，葛召深、胡长明等人[18]在长安大学结构与抗震实验室对 5 种工况的 6 个整架模型进行了极限承载力破坏性试验，采用手动加载和电测相结合的方法，跟踪记录了扣件式钢管模板支架整架模型结构失稳的全过程以及各构造因素的应力变化情况。研究发现：支架水平杆的应力值随剪刀撑设置的加强而减小，并显著低于剪刀撑应力，剪刀撑可以有效降低支架立杆内力分布的不均匀性。

1997 年，北京住宅开发建设集团总公司余宗明[19]提出把钢管支模架视为杆件结构体系，采用节点铰接进行计算，先进行结构体系的几何组成分析，确定结构超静定次数，忽略多余约束进行静定计算，其结果偏于安全。

2001 年，北京中建建筑科学技术研究院杜荣军[20]通过分析脚手架和模板支撑架事故发生的原因，得出影响脚手架和模板支撑架稳定承载力的主要因素：构架尺寸、加强整体刚度的剪刀撑的设置、节点刚度、连墙件的设置数量和刚度、杆件截面是否一致、立杆的垂直度、纵横杆的水平度、支撑面的沉降变形量。

2001 年，哈尔滨工业大学刘宗仁[21]提出了扣件式钢管脚手架临界力下限计算法，认为当扣件节点螺栓拧紧扭力矩不足时，扣件式钢管脚手架更接近排架结构；按排架模型计算扣件式钢管脚手架的临界力比较安全，指出脚手架的扣件节点属于半刚性连接，扣件节点的拧紧扭力矩大小对脚手架的稳定承载力影响很大。

2002 年，北京中建建筑科学技术研究院杜荣军[22]在全面阐述了《建筑施工扣件式钢管脚手架安全技术规范》(JGJ 130—2001)对模板支撑架计算规定的不足，提出了“几何不可变杆系结构”和“非几何不可变杆系结构”两种扣件式钢管模板支撑架的计算模型。

2004 年，同济大学敖鸿斐、李国强[23]对双排扣件式钢管脚手架的极限承载力研究中，提出平面节点实测刚度系数直接耦合于有限元计算模型，从而精确地模拟模板支撑架的半刚性特点。

2005 年，浙江工业大学章雪峰[24]提出了多节间连续压杆弹性屈曲分析方法，将立杆简化为有多个弹性支座的多节间连续压杆的力学计算模型，把水平杆对立杆的约束作用用弹簧模拟。其中利用等节间等轴力的多节间连续压杆模型可以直接估算立杆的屈曲荷载。

2006 年，西安建筑科技大学刘建民、李慧民[25]提出了扣件式钢管脚手架理想框架模型计算长度修正系数法。该方法首先对哈尔滨建筑工程学院徐崇宝等人的脚手架整架稳定承载力试验结果通过进行三维有限元计算分析，分别由临界荷载实测值通过规范的稳定系数表换算成立杆等效计算长度 l_0，再根据理想刚架模型通过有限元模拟计算得到的临界荷载值由欧拉公式换算成立杆的计算长度 l_1，将两者的比值 $\mu=l_0/l_1$ 作为立杆计算长度的修正系数。

2000 年，台湾朝阳大学 Huang[26,27]提出 2-D 模型和简化闭合求解法来计算模板支撑架的极限承载力。

1.2.2 国外研究现状

1952 年，瑞典学者 Nielsen[28]首次提出精确分析模型，指出承担荷载传递的模板支撑系统是连续均匀分布的弹性支撑，支撑楼板是弹性板，该模型可同时求得模板支撑体系的支撑杆轴力和楼板的内力。

1984 年，北美研究者 Ayyub[29]提出，由于施工设计准则与施工过程不当引起的事故占施工总事故的 50%。引起倒塌的原因主要是：支撑设置不够，早龄期混凝土养护时间不够，施工荷载估计不当等。

1986 年，Hadipriono 和 Wang[30,31]对近 23 年来在美国发生的 85 起脚手架倒塌事故原因进行分析，并将原因归纳为内部和外部两种因素。其中内部因素是指引起结构事故发生的设计计算和施工缺陷，而外部因素是指诱发结构事故发生的外因如材料设备堆积过于集中和撞击力等。

1993 年，美国学者 D. V. Rosowsky[32]等提出由于早拆模时混凝土还未达到 28d 龄期，一旦拆去支撑后，混凝土板自身的刚度和承载力还不足以抵抗板上的荷载引起的作用，进而造成楼板本身的一系列事故问题。

1994 年，D. V. Rosowsky，D. Hoston 等[33]研究了施工活荷载的测试方法，可以分析混凝土浇筑时引起的动态冲击荷载等较为复杂的施工活荷载，真实记录施工活荷载随时间的变化规律。

1994 年，D. V. Rosowsky 和 W. F. Chen 等人[34]在考虑施工期现浇多层混凝土板柱受弯破坏失效、受冲切破坏失效和过度变形失效三种形式的情况下，用蒙特卡罗数值模拟方法对多层混凝土板柱进行施工期可靠性分析，并应用分项系数思想建立施工期结构构件安全检查的表达式，充分考虑施工周期和施工方法的影响。

1995 年，S. L. Chan，Z. H. zhou，J. L. Peng[35]通过杆件的有效长度考虑了节点刚度的影响，从而建立了基于弹性屈曲的结构稳定分析方法。

1996 年，美国研究者 J. L. Peng 等人[36]通过数值模拟得到各种荷载形式下模板支撑架的承载力，并通过调查得出施工荷载形式的多样性对模板支撑架内力以及板的弯曲影响是最主要的。

2001 年，S. L. Chan、A. D. Pan 和 W. F. Chen[37]建立了杆件近似分析方法，通过理论推导得出杆件的荷载位移关系方程，并评定这一方法在钢管脚手架设计和分析应用中的适用性问题。

英国 Godley 等人[38]分别比较了脚手架二维和三维计算模型的不同，指出在脚手架动力特性研究时要注重考虑节点的半刚性。同时，Godley 等人[39]提出考虑节点非线性对脚手架体系进行二阶几何非线性分析。

美国 Weesner 和 Jones[40]对高度 5m 的不同形式的脚手架进行足尺极限承载力试验研究，并用 ANSYS 对脚手架进行特征值屈曲和几何非线性分析，结果认为几何非线性分析的脚手架极限承载力值低于特征值屈曲分析，但与试验承载力相近。

1.3 超高大跨重荷模板支撑体系的特点

1.3.1 超高大跨重荷模板支撑体系的概念

超高大跨重荷模板支撑体系，系指建设工程施工现场混凝土构件模板支撑高度超过 5m，或搭设跨度超过 18m，或施工总荷载大于 10kN/m^2，或集中线荷载大于 15kN/m 的模板支撑系统[41]。

随着城市建设的日益发展，为了满足建筑的多功能性和造型美观的要求，各种超常规的混凝土结构日益增多。

北京鸟巢是世界上跨度最大的钢结构建筑，最大跨度 343m。建筑功能也多样化，赛时功能：田径、足球的比赛场地；赛后功能：国际国内体育比赛和文化、娱乐活动。坐席数：永久坐席 80000 个，临时性坐席 11000 个。图 1-4 为北京鸟巢图片。

图 1-4 北京鸟巢图片

图 1-5 为上海环球金融中心，高 492m。地上 101 层，地下 3 层，2008 年建成。结构形式为钢筋混凝土核心筒，外框为型钢混凝土柱及钢柱。

图 1-6 为迪拜塔，世界第一高楼，高度超过 800m，耗材大约 33 万 m^3 混凝土和大约 3.14 万 t 钢材。楼高 160 层，49 层为办公场所，楼内设 57 部电梯，包括最高时速 64km 的世界最快电梯。

图 1-5 上海环球金融中心

图 1-6 迪拜塔

这些特殊的混凝土结构通常占地面积、空间跨度和自重都很大，使得施工中搭设的模板支撑架跨度大、高度高，而且当上部混凝土结构自身强度尚未形成时，支撑架同时还要承担混凝土结构施工时的各种荷载。因此，对超高大跨重荷模板支撑体系的设计和施工提出了更高的要求。

1.3.2 超高大跨重荷模板支撑体系的特点

超高大跨结构通常面积大、空间跨度大、自重大。因此，在施工中作为模板支撑的脚手架具有搭设跨度大、搭设高度高的特点。扣件式钢管脚手架支撑体系是目前建筑工程施工现场应用最广泛的支撑形式。其优点主要有：杆件配件少，杆件的长度任意，接头容易错开，构架尺寸可以任意选定和调整，斜杆和剪刀撑的角度也可以任意调节，价格较低。其缺点主要有：节点处的杆件为偏心连接，对结构有不利影响，靠抗滑力传递荷载和内力，其承载能力较低，节点处的连接力受螺丝拧紧程度的影响。但《建筑施工模板安全技术规范》(JGJ 162—2008)[42]对超高的扣件式钢管脚手架支撑体系在立杆稳定性设计方面并没有规定，仅在构造措施上规定“当支架立柱高度超过5m时，应在立柱周圈外侧和中间有结构柱的部位，按水平间距6～9m、竖向间距2～3m与建筑结构设置一个固结点”。实际上，超高模板支撑体系与普通模板支撑体系在受力上存在一些差别，在设计中必须给予分别对待。

1. 荷载偏心影响的差别

《建筑施工扣件式钢管脚手架安全技术规范》(JGJ 130—2011)[43]第5.1.4条规定“当纵向或横向水平杆的轴线对立杆轴线的偏心距不大于55mm时，立杆稳定性计算可不考虑此偏心距的影响”。因此，模板支撑系统立杆通常按轴心受压杆件进行设计。但对于超高结构中，这种偏心对立杆稳定性的影响不容忽视。但实际施工中，模板支撑系统存在很多小偏心荷载，对于超高支撑这些偏心对压杆产生的二阶效应的影响比普通模板支撑体系显著。因此对于超高模板支撑体系，水平钢管通过扣件与立杆连接产生的偏心弯矩是不可忽视的因素，而在普通模板支撑系统设计中忽视这一因素。

2. 立杆对接影响的差别

对于超高模板支撑体系，钢管对接的数量通常比普通模板多。目前规范规定计算立杆内力时不考虑此连接点的特殊情况，实际上该连接点是立杆中的薄弱环节，只要立杆稍有偏心，导致该点处变形很大。如果发生较大侧向变形时，该节点处产生弯曲变形，按照规范计算得出的临界承载力就可能比实际的临界承载力要大，产生了不安全因素。因此，在超高大跨模板支撑体系中，随着对接扣件数量的增加，该因素的影响将比普通的模板支撑体系来得大。

3. 水平荷载影响的差别

泵送混凝土是目前混凝土施工的主要形式之一。其产生的水平荷载，对超高模板支撑体系产生的影响也明显大于普通模板支撑体系。

规范的设计表达式是以单杆承载力的形式出现的，但是实际控制的是结构整体失稳破坏，因为计算长度系数μ是由试验得到整架的极限承载力后反算出来的。单杆铰接计算理论简便可行，很容易为工程师所接受，对于按照常规要求搭设的钢管脚手架是安全可靠的。但是其引入了过多的假定：节点理想铰接，横纵杆不受力和实际情况都不符合，同时已经完成的试验研究也仅仅限于常用的搭设形式，对于超高模板支撑体系，若按现行规范的计算公式，则不能体现支撑高度的影响。比如对于支撑高度为3m和10m的模板支撑体系，如果步距均为1.5m，立杆外伸长度也均为0.3m，那么按现行规范算法，两种支撑的稳定承载力相同，这显然和压杆稳定理论相违背。目前，现行规范主要是通过增加构造措施的方法来考虑高支撑的影响，在承载计算方面仍然按普通支撑的算法，但这种考虑方法，对高支撑稳定承载性存在安全隐患。

1.4 模板高支撑体系事故及原因分析

随着城市功能需求的多元化和国家市政基础设施建设的规模化，由于扣件式钢管支撑架搭设方便、快捷等特点，其在工程实践中越来越广泛地得到了应用。但是，国内建筑施工安全事故25%与模板支撑架有关，模板支撑和脚手架是建筑工地的重大危险源。尽管国家相继编制并颁布了九项有关脚手架的安全技术规范，占建筑施工安全技术规范总数的42.86%，但安全事件仍频有发生。鉴于扣件式钢管脚手架及模板支撑架事故的频发，扣件式钢管脚手架及模板支撑架的安全性和经济性越来越引起人们的重视。

由于脚手架和模板支撑架是临时结构，长期以来，关于脚手架和模板支撑架的研究并没有得到学术界的高度重视，有关脚手架和模板支撑架的计算模型和设计理论的研究资料较少。一般情况下，脚手架和模板支撑架由施工单位进行设计，而施工单位往往根据工程经验进行简单设计或不设计。同时施工单位搭设脚手架也未严格地按照设计图纸，而且大部分没有设计图纸或者设计图是套用以前的模板。在搭设过程中，架子工缺乏足够的认识且未严格要求；架子工单凭个人经验和主观想法等而改变架体参数，随意改变杆件间距；减少剪刀撑和连墙件的数量；立杆底部垫块缺失和立杆垂直度偏斜过大等情况比较普遍存在。这些不足都将导致脚手架和模板支撑架的设计计算与施工现场的实际情况不相符。若在超高大跨重荷载的结构中，则一旦扣件式钢管脚手架和模板支撑架的某几个构件失稳，都将会导致整个架体结构的倒塌，产生极其严重的后果。

扣件式钢管模板支撑体系是我国建筑施工中最常见模板支撑体系之一，但是在其施工使用过程中，由于在对其结构设计计算中存在着不确定、不安全因素，并且在安全技术和传统习惯做法中也存在着不足，导致了模板高支撑架垮塌事故频发，不仅造成人身财产损失，而且对工程本身的质量造成不可低估的直接或间接影响。

2003年2月18日，杭州市滨江区UT斯达康研发中心工程在浇筑门厅屋顶混凝土时，支模架发生坍塌，造成13人死亡，17人受伤的重大安全事故。

2004年12月14日，广清高速公路连接线主线工程在浇筑桥面混凝土时，支撑架发生倒塌，造成2人死亡，7人受伤。

2005年9月5日，北京西单西西工程四号地综合楼在浇筑20多米高楼板时，支撑架失稳，发生重大倒塌事故，坍塌面积约400m^2，造成8人死亡，16人受伤。

2005年9月25日，位于京福国道主干线福建三明际口至福州兰圃公路三明连接线的SLA5每列互通A匝道桥模板支撑架在加载预压时发生垮塌，事故造成6人死亡，20人受伤的重大事故。

2006年5月19日，位于金石滩的沈阳音乐学院大连校区的在建工地发生模板坍塌事故，造成6人死亡，18人受伤。

2006年8月29日，厦门市同安湾大桥工地发生一起高支模坍塌事故，事故造成17人受伤，其中2人伤势严重。

2007年2月4日，厦门市福隆体育公园运动馆工程在浇筑屋面板和预应力梁混凝土时发生整体垮塌，垮塌面积达 1150m²，29 个正在屋面施工作业的人员随之坠落，造成 4 名工人受伤，其中一人重伤。

2007 年 2 月 12 日，广西医科大学图书馆二期工程工地，发生一起在混凝土浇筑过程中屋面模板支撑体系坍塌事故。支撑体系坍塌高度约 24m，坍塌面积约 450m²，混凝土作业班组人员从作业面坠落并被埋。事故造成 7 人死亡，7 人受伤。

2011 年 5 月 1 日，乌审旗新建的第二实验小学建筑工地的报告厅支撑模板发生坍塌。事故造成 6 人死亡，5 人受伤。

2011 年 9 月 10 日，西安凯旋大厦脚手架发生坍塌坠落事故，造成 10 人死亡。

2011 年 9 月 26 日，湖南衡阳市中心汽车站单层机修车间发生坍塌事故。事故造成 1 死多伤。

总结以上事故实例，导致事故发生的原因主要有以下几个方面：

1. 模板高支撑的设计计算方面

模板支撑架荷载计算错误或考虑不周。设计计算正确与否，将直接影响模板支架的安全。一些施工企业编制的专项施工方案荷载计算有误；对泵送混凝土产生的动力荷载在设计计算中估计不足等，造成模板支架的安全度大幅降低；模板支架的结构恒载和施工活荷载分布情况的变化较大，因此支撑架坍塌事故的比率比其他事故高。模板支撑架有它的特殊性，如支撑工具的反复使用性和缺少相关的制约标准和规范。其原因有以下几个方面[24]：

(1) 设计计算方法滞后。长期沿用传统的设计计算方法，半经验和半理论。《建筑施工扣件式钢管脚手架安全技术规范》(JGJ 130—2011)[43]中关于普通模板支撑架和脚手架的设计计算方法，对于模板高支撑体系来讲，显得不足。由于无法准确了解扣件式钢管节点的刚度，那么高支撑体系中各立杆稳定承载力便无法计算。

(2) 不重视设计计算。设计过程中，由于设计计算不周全可能导致的高支撑架坍塌事故。主要有：无设计计算书，凭经验办事；设计计算书较粗糙，不够合理。尤其是对荷载的分析认识不清。

(3) 简化荷载的方法不够合理。一般支撑体系的计算，为了简便，通常简化以均布荷载的形式进行考虑。但真实情况荷载的分布不是均匀的，所以为了计算准确性，选择合理的计算荷载方式关键在于要如何考虑实际荷载的分布。

(4) 荷载组合考虑不够合理。在设计计算中必须考虑最大荷载处支撑架的受力情况，即荷载最不利组合，但在实际工程中，往往考虑忽略这一点。

2. 模板高支撑体系的搭设

除了考虑设计计算合理、安全、可靠等因素外，还需保证模板支撑架体系的搭设质量要求。支撑架很可能因为以下几个方面的搭设质量问题导致模板高支撑体系的垮塌：一是搭设过程中未按照设计尺寸：纵横向的排数、立杆的纵横向间距、水平杆的步距太大等，导致支撑架的整体或局部承载力不够，造成支撑架体系失去平衡、垂直垮塌。二是搭设过程中未满足支撑架的搭设构造要求：例如未按规定设置剪刀撑，未按规定高度设置斜撑；拉结点和连墙件的质量和数量不满足规范要求等。三是支撑架的搭设不符合规范、规程的基本要求，如支撑架的垂直度、立杆的接头未错开，甚至立杆的接头采取搭接、扣件松紧不一等。四是支撑架的基础不平整，局部不密实。

3. 模板高支撑架的施工现场管理不到位

一些施工企业不按规定编制模板工程安全专项施工方案，或专项施工方案无针对性和构造详图，或不按专项施工方案搭设模板支撑体系；监理单位对方案编制的审核和模板支架的验收把关不严；现场安全检查不力，对检查中发现的安全隐患问题未督促整改到位。

4. 钢管和扣件的质量问题

目前由于钢管、扣件生产及流通领域存在诸多问题，很多扣件、钢管厂家为抢占市场，低价竞争，生产的钢管支撑架质量低劣，钢管的壁厚仅有 3.0～3.2mm，而且在施工应用中，钢管随锈蚀程度的加大而进一步壁厚减薄。不仅如此，在施工现场调查时发现，钢管的平直度也较差，一些钢管已明显弯曲，致使模板支撑承载力明显降低。而在计算中按标准钢管壁厚 3.5mm 的理论值计算，这样一来，惯性矩损失将达到 10%左右。在施工现场调查发现钢管扣件的合格率也很低。而且模板支撑架材料是周期使用工具，在反复搭设、使用、拆除、运输和存取过程中，会使其杆、配件产生一定程度的损伤，如锈蚀、弯曲、变形、连接件裂纹、螺栓滑丝(或拧不紧)等，这些都造成支撑体系中存在安全隐患。

5. 施工人员素质问题

高大模板支撑体系的搭设队伍和搭设人员资格不符合要求。目前，施工现场中，高大模板支撑架的搭设均由普通模板班组完成，而班组搭设人员未能系统良好地掌握扣件式钢管脚手架的搭设要求，较多是无证上岗，不能很好地执行《建筑施工扣件式钢管脚手架安全技术规范》(JGJ 130—2011)[43]等相关标准规范要求，给高大模板支撑体系的稳定和安全埋下重大的隐患。

1.5 本书的研究目的、内容、方法

为确保超高、大跨、超重模板支撑体系的在设计上的可靠性，同时避免施工中潜在危险源，减少超高、大跨、超重模板支撑体系倒塌事故的发生，本书通过对超高大跨结构模板支撑现场施工误差调查统计分析，确定施工中重点控制部分；通过室内单元堆载试验和施工现场实测，分析超高大跨结构模板支撑体系的内力和变形分布规律；利用大型有限元软件进行分析，并与试验结果进行对比；在试验结果、有限元分析的基础上，提出超高大跨结构模板支撑体系承载力简化计算方法和构造要求。

第 2 章　模板高支撑构造影响因素分析

现场施工中，模板高支撑专项方案设计编写一般由施工单位完成，然而施工单位往往基于工程经验进行简单的设计。施工班组在搭设过程中没有严格地按照设计计算图纸进行搭设，另一方面大多数支撑架的搭设在施工过程中设计图纸不是很详细。在搭设过程中，施工班组对支撑架的搭设要求认识不足或要求不严，或是架设材料供应不足；搭设工人凭借个人经验和主观想法等任意改变支架搭设参数。比如整架或局部改变构架搭设尺寸；减少杆件和连墙件的设置；基础和立杆支垫处理不好和立杆偏斜过大的情况较为普遍。这些情况的存在，都将导致模板支撑的设计计算依据与施工的实际情况不符，甚至差别显著。扣件式钢管模板支撑若在搭设高度高、承受荷载大的情况下，一旦几个构件失稳，将导致整个结构倒塌，产生的后果极其严重。

课题组调研考察采取现场踏勘、现场测量测试、查阅资料和召集相关人员座谈等方式，内容涉及施工企业管理、工程项目管理、材料、搭设状况、搭设班组、监理单位监理以及监管的方式方法等方面，结合企业自检、社会监督、政府监督中发现的问题以及几起超高大跨模板支撑坍塌事故情况，探讨高大模板支撑架的坍塌原因和防范措施。

2.1　模板高支撑体系稳定性模糊综合评价

由于客观事物本身的复杂性，信息传播途径和媒介中存在的偶然因素的干扰以及接收系统能力的限制，人们只能掌握事物的部分信息，而不知全部信息，从而使得问题呈现出不确定性。

不确定性问题又可分为客观不确定性问题、主观不确定性问题和混合不确定性问题三类。客观不确定性问题表现为客观事物的随机性和模糊性，主观不确定性表现为人们知识水平、技术水平、决策能力等所限而导致纯主观上、认识上的不确定性，即未确定性。混合不确定性则表现既有主观因素又有客观因素而产生的不确定性——灰色性[45]。

2.1.1　模糊综合评价数学模型

灰色系统理论是由中国学者邓聚龙教授于 20 世纪 80 年代创立的研究方法[46]。这种理论主要用于研究少数据、贫信息、不确定性等问题，且灰色系统理论对实验观测数据没有什么特殊的要求和限制[47]。

在综合考虑各影响高支撑稳定影响因素的基础上，确定了模板高支撑方案稳定安全评价指标体系，利用层次分析法计算确定各评价指标的权重大小。

高支撑稳定性评价指标体系的确定：高支撑稳定性评价是一个系统工程，建立评估指标体系是进行模板高支撑评估的首要基础工作，其科学合理性直接影响着评估结果的准确性。模板高支撑稳定影响因素是指那些能反映施工现场高支撑稳定的指标。在参与评估的指标体系中，既有定性的参数，又有定量的参数，并且各指标参数之间存在着相互制约、相互影响的关系。如何选取合理的评价指标体系，首要条件即为全面性，即评价指标体系必须能够全面地反映出对模板高支撑的评价，在系统全面性的前提得以满足之后，尽可能地减少指标，以最简洁的指标体系反映出最全面和最主要的系统信息；当然同时还需考虑的有评价指标体系在实际操作中应该具有的灵活性和可行性。

高支撑稳定性评价指标权重的确定：评价指标的权重是用来反映指标相对于评价目标的重要性程度大小，确定评价指标的权重主要有专家预测法、频数统计法、指标值法以及层次分析法。实际施工操作中，影响模板高支撑体系稳定性的影响因素过多，并且各影响因素之间存在着相互关系，因而可以考虑采用层次分析法(AHP)来计算确定其各指标参数对目标的影响程度的大小，即权重分析。层次分析法具有分层渐进的特点[48]，是一种较好的定量与定性相结合考虑计算的决策方法。通过将系统化的评价指标体系层次分解为若干个简单系统，进而能够将复杂的系统评价问题分解成若干个有序层次，并根据对一定客观事实的判断，就每一层次中各影响元素或指标的相对重要性给出定量的描述，然后按照评价指标的重要性次序进行权重赋值计算。以此类推，通过这种对各层次的分析计算导出对整个问题的分析计算结果，便可做出最终的决策。

层次分析法中，通过1～9数量标度将同一层次中的各指标的相关性程度进行定量化，建立各层次上各指标的相关性的判断矩阵。在判断矩阵满足一定的一致性检验的条件下，那么该判断矩阵的最大特征值所对应的特征向量就是该层次相对于上一层元素的权重向量，权重向量中的各值即为权重值。

2.1.1.1 构造判断矩阵

任何系统的评价分析都有一定的定性或定量的信息作为基础。在层次分析法中，人们对每一层次中各因素间的相对重要性评价作出的判断即为信息基础，判断矩阵的构成即为这些同层次中指标的相互重要性评价值判断，这些判断通过引入合适的标度数值来进行一一给定。层次分析法中的判断矩阵表示的意义为：针对上一层次某个因素，在本层次中与之有关的所有因素间存在的相对重要性比较。假定A层次因素中A_k与下一层中B_1，B_2，…，B_n有联系，构造的判断矩阵可用表2-1的形式表示。

判断矩阵表 **表2-1**

A_k层次	B_1	B_2	…	B_n
B_1	c_{11}	c_{12}	…	c_{1n}
B_2	c_{21}	c_{22}	…	c_{2n}
⋮	⋮	⋮		⋮
B_n	c_{n1}	c_{n2}	…	c_{nn}

层次分析法中，为了使决策判断定量化，形成上述数值判断矩阵，T. L. Sssty[49,50]，提出了通过“九标度”进行专家评分构造判断矩阵的方法，并由此计算出比较元素间的相对权重值，如表2-2所示。可是当进行专家咨询时，由于专家和决策者很难掌握九标度评价的标准，由此往往做出的判断矩阵不满足一致性(相容性)，有时连满意的(可接受性)一致性也不能达到，此时必须重新进行征询或对判断矩阵进行修订[51]。同时当

用幂迭代特征值法[52]求解权向量时，由于判断矩阵的不一致性，收敛较缓慢，导致迭代次数较多。

九标度各因子重要性打下比较仿数量化　　表 2-2

分值 a_{ij}	定　义
1	i 因素与 j 因素同样重要
3	i 因素比 j 因素略重要
5	i 因素比 j 因素稍重要
7	i 因素比 j 因素重要得多
9	i 因素比 j 因素重要得多
2，4，6，8	i 因素与 j 因素比较结果处于以上结果的中间值
倒数	i 因素与 j 因素比较结果是 j 因素与 i 因素比较结果的倒数

2.1.1.2　判断矩阵的一致性检验

在层次分析法的分析计算中，众所周知，如何能够建立出准确有效的判断矩阵是关键步骤之一，但实际情况可能会因为同层次指标体系中的两元素的比较，常常产生逆序而导致出现一致性较差或总排序权重数较小的情况，使得各元素之间难以比较。特别地，当评价指标体系多而复杂时更容易出现此类情况。由于决策者们认识的多样性和客观事物的复杂性，难免会出现决策者们对决策对象的认识不同或者在意识上存在着不同的偏好，从而导致给出的判断矩阵，并不能很好地吻合实际情况。

为了能够很好地了解构造出的判断矩阵的吻合性和可行性，必须对判断矩阵进行一致性检验。如果一致性检验满足，则可以顺利进行指标权重的分析计算，若构造出的判断矩阵未能很好地满足一致性检验，则必须对判断矩阵进行相应的修正。

采用判断矩阵的一致性比率来对判断矩阵的一致性进行判断。

判断矩阵一致性检验公式如下：

$$CR=\frac{CI}{RI} \tag{2-1}$$

$$CI=\frac{\lambda_{\max}-n}{n-1} \tag{2-2}$$

式中

CR——判断矩阵的随机一致性比率；

CI——判断矩阵的一般一致性指标；

RI——随机一致性指标，见表 2-3 所示。

RI 取 值　　表 2-3

矩阵阶数	1	2	3	4	5	6	7	8	9
RI	0	0	0.58	0.90	1.12	1.24	1.32	1.41	1.45

当 $CR<0.1$ 时，判断矩阵一致性满足要求，说明判断可靠。否则重新进行判断，或对判断矩阵进行相应的调整，直到一致性检验满足要求为止[53]。

2.1.1.3　判断矩阵的修订

本文采用苗晓坤、鲁晓丽在《判断矩阵一致性两种调整方法的比较》[54]中提出的判断矩阵的修正方法，具体步骤如下：

构造判断矩阵 $A=(a_{ij})_{n\times n}$ 的诱导矩阵 B[55]

$$b_{ij}=a_{ij}\sum_{k=1}^{n}a_{jk}-\sum_{k=1}^{n}a_{ik}\quad (i,\ j=1,\ 2,\ \cdots n) \tag{2-3}$$

通过对 B 的分析，对影响判断矩阵 A 一致性的元素进行调整判断矩阵 A 逐步达到满足一致性。改进步骤如下：

步骤 1：求出 A 的最大特征值 λ_{max}，并计算 CR 值，若 $CR<0.1$，结束，否则进行下一步；

步骤 2：求出诱导矩阵 $B=(b_{ij})_{n\times n}$，找出矩阵 B 中的元素绝对值最大的项 b_{ij}，对应的矩阵 A 中的该项 a_{ij} 即为调整对象；

步骤 3：若 $b_{ij}>0$，对应的 a_{ij} 进行调整：当 $a_{ij}>1$ 时，将其调整为 $a_{ij}-1$，否则调整为 $1/(1/a_{ij}+1)$；若 $b_{ij}<0$，对应的 a_{ij} 进行调整：当 $a_{ij}>1$ 时，将其调整为 $a_{ij}+1$，否则调整为 $1/(1/a_{ij}-1)$；

步骤 4：若调整完之后还不能满足一致性要求，则重复进行上述步骤，知道满足要求。

2.1.1.4 求解判断矩阵最大特征值及对应的特征向量

用 matlab 软件求解出判断矩阵的最大特征值 λ_{max} 对应的特征向量 w_i。

对特征向量 w_i 进行正规化，得出各因素的权重向量：

$$W_i=w_i/\sum_{i=1}^{n}w_i \tag{2-4}$$

确定高支撑稳定性能评价指标的目标层判断矩阵及权重分配。同理，构造准则层判断矩阵并计算各准则层判断矩阵及权重分配，然后将准则层的单权重放在整个高支撑稳定评价体系中，即可得到各评价指标的组合权重[56]。

2.1.2 模板高支撑体系稳定影响因素分析

2.1.2.1 评价指标体系的建立

模板高支撑体系是一个复杂的临时结构体系，存在着众多不确定的因素，因此对高大模板扣件钢管支撑体系稳定性的综合评估，必须用从系统的高度来进行。针对工程具体特点，综合考察影响高支撑稳定性的诸多因素。反映模板高支撑稳定性的指标很多，根据不同的分类方法和分类标准，可以得出不同的指标体系。在模板高支撑稳定性评价中，所采用的指标数量的多少，将直接影响到稳定性评价的作用和难易程度，评价指标涉及越多则使得评价结果精确，但同时伴随的也有计算的难易程度和计算量的增大。因此对高支撑稳定评价应抓住主要因素，做到既减少工作量也能满足分析全面性的要求，对影响模板高支撑稳定的主要因素进行分析与考察。

根据实际情况，分析整理出关于扣件式模板高支撑体系稳定评价的主要影响因素，对其进行系统层次归纳，决定分为三个层次进行分析计算：目标层(即为系统评价的目标)、准则层和指标层。得出评价指标体系如图 2-1 所示。

2.1.2.2 构造判断矩阵

模板高支撑稳定性评价指标体系建立后，利用九标度评价体系，将各因素相对于上一

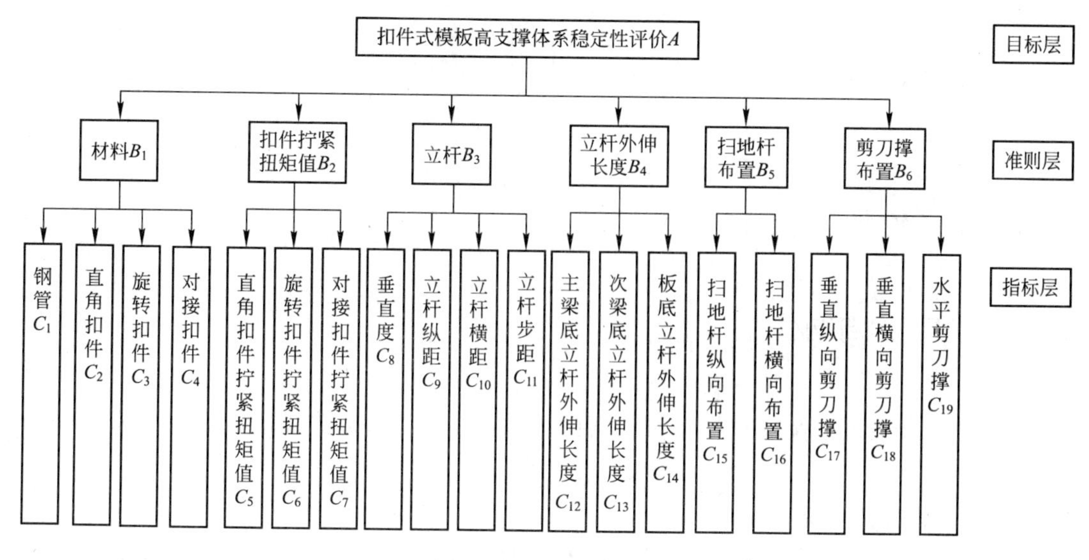

图 2-1　评价指标体系

层次因素在本层次中各因素的两两相对重要性关系进行定量化评价，给出比较得分，构造出各层次判断矩阵，该矩阵在一致性检验符合要求后，其最大特征值对应的向量为对应各因子的权重向量。

为了能够很好地对施工现场关于模板高支撑稳定体系的各因素进行重要性调查，本次调研采用对 10 位专家问卷的形式进行。专家组成员主要为有着丰富施工管理经验的大型施工企业的土建项目经理或公司技术管理人员，根据各专家的工程经验，调研的结果能够很好地反映出现场关于模板高支撑稳定体系的客观管理情况。

对问卷调查的结果进行分析整理，为说明层次分析法的计算过程，以下对一组数据的问卷结果，进行计算过程的描述，其他组问卷调查数据的处理过程相同，过程不再叙述，只列出结果。对专家问卷数据进行简单编号“一”～“十”，以下为专家一的问卷数据，经过一致性检验后的各级判断矩阵如下：

$$A-B\text{ 层次判断矩阵：}\begin{bmatrix} 1 & 6 & 7 & 7 & 4 & 5 \\ 1/6 & 1 & 3 & 3 & 1/2 & 1/3 \\ 1/7 & 1/3 & 1 & 1/3 & 1/3 & 1/3 \\ 1/7 & 1/3 & 3 & 1 & 1 & 1 \\ 1/4 & 3 & 3 & 1 & 1 & 3 \\ 1/5 & 2 & 3 & 1 & 1/3 & 1 \end{bmatrix}$$

$$B_1-C\text{ 层次判断矩阵：}\begin{bmatrix} 1 & 3 & 3 & 1 \\ 1/3 & 1 & 3 & 1/3 \\ 1/3 & 1/3 & 1 & 1/3 \\ 1 & 3 & 3 & 1 \end{bmatrix}$$

$$B_2-C\text{ 层次判断矩阵：}\begin{bmatrix} 1 & 1 & 1/3 \\ 1 & 1 & 1/3 \\ 3 & 3 & 1 \end{bmatrix}$$

B_3-C 层次判断矩阵：$\begin{bmatrix} 1 & 1/3 & 1/3 & 1/3 \\ 3 & 1 & 1 & 1/3 \\ 3 & 1 & 1 & 1/3 \\ 3 & 3 & 3 & 1 \end{bmatrix}$

B_4-C 层次判断矩阵：$\begin{bmatrix} 1 & 5 & 7 \\ 1/5 & 1 & 5 \\ 1/7 & 1/5 & 1 \end{bmatrix}$

B_5-C 层次判断矩阵：$\begin{bmatrix} 1 & 1 \\ 1 & 1 \end{bmatrix}$

B_6-C 层次判断矩阵：$\begin{bmatrix} 1 & 1 & 5 \\ 1 & 1 & 5 \\ 1/5 & 1/5 & 1 \end{bmatrix}$

2.1.2.3 判断矩阵计算

对上述判断矩阵进行计算，利用 matlab 软件进行求解，得到各判断矩阵的最大特征值及其对应特征向量如下：

$A-B$ 判断矩阵的最大特征值 $\lambda_{\max}=6.5996$；

一致性检验：$CI=\frac{\lambda_{\max}-n}{n-1}=\frac{6.5996-6}{6-1}=0.11992$

$$CR=\frac{CI}{RI}=\frac{0.11992}{1.24}=0.097<0.1$$ （满足一致性要求）

最大特征值对应的特征向量归一化为权向量：

$A=(w_i)=(0.4900，0.1057，0.0404，0.0895，0.1714，0.1030)$。

B_1-C 判断矩阵的最大特征值 $\lambda_{\max}=4.1545$；

一致性检验：$CI=\frac{\lambda_{\max}-n}{n-1}=\frac{4.1545-4}{4-1}=0.0515$

$$CR=\frac{CI}{RI}=\frac{0.0515}{0.90}=0.057<0.1$$ （满足一致性要求）

对应的判断矩阵的特征向量归一化为权向量：

$B_1=(w_i)=(0.3679，0.1686，0.0956，0.3679)$；

B_2-C 判断矩阵的最大特征值 $\lambda_{\max}=3$；

一致性检验：$CI=\frac{\lambda_{\max}-n}{n-1}=\frac{3-3}{3-1}=0$

$$CR=\frac{CI}{RI}=0<0.1$$ （满足一致性要求）

对应的判断矩阵的特征向量归一化为权向量：

$B_2=(w_i)=(0.6000，0.2000，0.2000)$；

B_3-C 判断矩阵的最大特征值 $\lambda_{\max}=4.1545$；

一致性检验：$CI=\frac{\lambda_{\max}-n}{n-1}=\frac{4.1545-4}{4-1}=0.0515$

$$CR=\frac{CI}{RI}=\frac{0.0515}{0.90}=0.057<0.1$$ （满足一致性要求）

对应的判断矩阵的特征向量归一化为权向量：

$B_3=(w_i)=(0.0955, 0.2085, 0.2085, 0.4875)$；

B_4-C 判断矩阵的最大特征值 $\lambda_{max}=3.0649$；

一致性检验：$CI=\frac{\lambda_{max}-n}{n-1}=\frac{3.0649-3}{3-1}=0.0325$

$$CR=\frac{CI}{RI}=\frac{0.03245}{0.58}=0.0559<0.1 \quad \text{（满足一致性要求）}$$

对应的判断矩阵的特征向量归一化为权向量：

$B_4=(w_i)=(0.6491, 0.2790, 0.0719)$。

B_5-C 判断矩阵的最大特征值 $\lambda_{max}=2$；

一致性检验：$CI=\frac{\lambda_{max}-n}{n-1}=\frac{2-2}{2-1}=0$

$$CR=\frac{CI}{RI}=0<0.1 \quad \text{（满足一致性要求）}$$

对应的判断矩阵的特征向量归一化为权向量：$B_5=(w_i)=(0.5000, 0.5000)$。

B_6-C 判断矩阵的最大特征值 $\lambda_{max}=3$；

一致性检验：$CI=\frac{\lambda_{max}-n}{n-1}=\frac{3-3}{3-1}=0$，（满足一致性要求）；

对应的判断矩阵的特征向量归一化为权向量：

$B_6=(w_i)=(0.4546, 0.4546, 0.0908)$。

2.1.2.4 层次总排序

以上得出的各判断矩阵的最大特征值对应的特征向量即为每一层次中各指标的权重比例，将其列于表 2-4。

各级评价指标的权数分配（专家一）　　表 2-4

准则层	权重	指标层	权重
B_1	0.4900	C_1	0.3679
		C_2	0.1686
		C_3	0.0956
		C_4	0.3679
B_2	0.1057	C_5	0.6000
		C_6	0.2000
		C_7	0.2000
B_3	0.0404	C_8	0.0955
		C_9	0.2085
		C_{10}	0.2085
		C_{11}	0.4875
B_4	0.0895	C_{12}	0.6491
		C_{13}	0.2790
		C_{14}	0.0719

续表

准则层	权重	指标层	权重
B_5	0.1714	C_{15}	0.5000
		C_{16}	0.5000
B_6	0.1030	C_{17}	0.4546
		C_{18}	0.4546
		C_{19}	0.0908

从表 2-4 中可以看出，准则层的因素对目标层的权重大小已经列出，可以很清晰地看出它们在目标评价中的重要性情况，然而对于指标层中各因素，此时只是在对准则层中的各因素体现了各自的重要性权重比例，而缺少了指标层中的各因素对于目标评价的权重比例分析情况。

为获得目标评价中关于每一个末端评价指标的相对权重大小，对各层次进行综合计算，对计算出的结果权重大小进行总排序。根据以上计算的结果总排序列于表 2-5。

各指标在整个稳定性评价体系中所占的权数（专家一） **表 2-5**

指标	B_1	B_2	B_3	B_4	B_5	B_6	W_i
	0.4900	0.1057	0.0404	0.0895	0.1714	0.1030	
C_1	0.3679						0.1803
C_2	0.1686						0.0826
C_3	0.0956						0.0468
C_4	0.3679						0.1803
C_5		0.6000					0.0634
C_6		0.2000					0.0211
C_7		0.2000					0.0211
C_8			0.0955				0.0039
C_9			0.2085				0.0084
C_{10}			0.2085				0.0084
C_{11}			0.4875				0.0197
C_{12}				0.6491			0.0581
C_{13}				0.2790			0.0250
C_{14}				0.0719			0.0064
C_{15}					0.5000		0.0857
C_{16}					0.5000		0.0857
C_{17}						0.4546	0.0468
C_{18}						0.4546	0.0468
C_{19}						0.0908	0.0094

对层次总排序进行一致性检验，结果如下：

$$CI=\sum_{j=1}^{n}B_jCI_j=0.004$$

$$RI=\sum_{j=1}^{n}B_jCR_j=0.371$$

$$CR=\frac{CI}{RI}=\frac{0.004}{0.3703}=0.010\quad\text{（满足一致性要求）}$$

各指标在整个稳定性评价体系中所占的权数从表中可以看出，专家一问卷调查的结果显示，各因素对模板高支撑稳定的影响排名依次为：钢管材料、对接扣件材料、扫地杆纵向布置、扫地杆横向布置、直角扣件材料、直角扣件拧紧扭矩值、主梁底立杆外伸长度、垂直纵向剪刀撑设置、垂直横向剪刀撑布置、旋转扣件材料、次梁底立杆外伸长度、对接扣件拧紧扭矩值、旋转扣件拧紧扭矩值、立杆步距、水平剪刀撑设置、立杆纵距、立杆横距、板底立杆外伸长度、垂直度。

同理，整理出其他专家稳定系统评价结果如表 2-6 所示。

各指标在整个稳定性评价体系中所占的权数（专家二）　　表 2-6

指标	B_1	B_2	B_3	B_4	B_5	B_6	W_i
	0.1220	0.2750	0.0350	0.1750	0.2750	0.1180	
C_1	0.6130						0.0748
C_2	0.2090						0.0255
C_3	0.0890						0.0186
C_4	0.0890						0.0186
C_5		0.7140					0.1964
C_6		0.1430					0.0393
C_7		0.1430					0.0393
C_8			0.2170				0.0076
C_9			0.0420				0.0015
C_{10}			0.1140				0.0040
C_{11}			0.6270				0.0219
C_{12}				0.7840			0.1372
C_{13}				0.1050			0.0184
C_{14}				0.1110			0.0194
C_{15}					0.5000		0.1375
C_{16}					0.5000		0.1375
C_{17}						0.1010	0.0120
C_{18}						0.8330	0.0980
C_{19}						0.0670	0.0080

从表 2-6 中可以看出：专家二对于施工现场关于模板高支撑稳定体系重要性因素的排序为：直角扣件拧紧扭矩值、扫地杆纵向布置、扫地杆横向布置、主梁底立杆外伸长度、

垂直横向剪刀撑布置、钢管材料、旋转扣件拧紧扭矩值、对接扣件拧紧扭矩值、直角扣件材料、立杆步距、板底立杆外伸长度、旋转扣件材料、对接扣件材料、次梁底立杆外伸长度、垂直纵向剪刀撑布置、水平剪刀撑布置、立杆垂直度、立杆横距、立杆纵距。

各指标在整个稳定性评价体系中所占的权数(专家三) **表 2-7**

指标	B_1	B_2	B_3	B_4	B_5	B_6	W_i
	0.2525	0.0982	0.0641	0.2474	0.1748	0.1610	
C_1	0.6250						0.1578
C_2	0.1250						0.0316
C_3	0.1250						0.0316
C_4	0.1250						0.0316
C_5		0.6531					0.0641
C_6		0.1373					0.0135
C_7		0.2096					0.0206
C_8			0.0455				0.0029
C_9			0.3182				0.0204
C_{10}			0.3182				0.0204
C_{11}			0.3182				0.0204
C_{12}				0.7352			0.1819
C_{13}				0.2067			0.0511
C_{14}				0.0581			0.0144
C_{15}					0.5000		0.0874
C_{16}					0.5000		0.0874
C_{17}						0.3557	0.0573
C_{18}						0.5535	0.0891
C_{19}						0.0908	0.0146

从表 2-7 中可以看出：专家三对于施工现场关于模板高支撑稳定体系重要性因素的排序为：主梁底立杆外伸长度、钢管材料、垂直横向剪刀撑、扫地杆纵向布置、扫地杆横向布置、直角扣件拧紧扭矩值、垂直纵向剪刀撑、次梁底立杆外伸长度、直角扣件材料、旋转扣件材料、对接扣件材料、对接扣件拧紧扭矩值、立杆纵距、立杆横距、立杆步距、水平剪刀撑布置、板底立杆外伸长度、旋转扣件拧紧扭矩值、垂直度。

各指标在整个稳定性评价体系中所占的权数(专家四) **表 2-8**

指标	B_1	B_2	B_3	B_4	B_5	B_6	W_i
	0.2062	0.2436	0.1436	0.2185	0.0818	0.1063	
C_1	0.2500						0.0516
C_2	0.2500						0.0516
C_3	0.2500						0.0516
C_4	0.2500						0.0516

续表

指标	B_1	B_2	B_3	B_4	B_5	B_6	W_i
	0.2062	0.2436	0.1436	0.2185	0.0818	0.1063	
C_5		0.6586					0.1604
C_6		0.1562					0.0381
C_7		0.1852					0.0451
C_8			0.0930				0.0134
C_9			0.1840				0.0264
C_{10}			0.1840				0.0264
C_{11}			0.5390				0.0774
C_{12}				0.5591			0.1222
C_{13}				0.3522			0.0770
C_{14}				0.0887			0.0194
C_{15}					0.5000		0.1093
C_{16}					0.5000		0.1093
C_{17}						0.2352	0.0250
C_{18}						0.6358	0.0676
C_{19}						0.1290	0.0137

从表2-8中可以看出：专家四对于施工现场关于模板高支撑稳定体系重要性因素的排序为：直角扣件拧紧扭矩值、主梁底立杆外伸长度、扫地杆纵向布置、扫地杆横向布置、立杆步距、次梁底立杆外伸长度、垂直横向剪刀撑、钢管材料、直角扣件材料、旋转扣件材料、对接扣件材料、对接扣件拧紧扭矩值、旋转扣件拧紧扭矩值、立杆纵距、立杆横距、垂直纵向剪刀撑、板底立杆外伸长度、水平剪刀撑、垂直度。

各指标在整个稳定性评价体系中所占的权数(专家五) **表2-9**

指标	B_1	B_2	B_3	B_4	B_5	B_6	W_i
	0.2896	0.0937	0.0750	0.1429	0.2090	0.1898	
C_1	0.4194						0.1215
C_2	0.2721						0.0788
C_3	0.2387						0.0691
C_4	0.0697						0.0202
C_5		0.7246					0.0679
C_6		0.1846					0.0173
C_7		0.0908					0.0085
C_8			0.1401				0.0150
C_9			0.1581				0.0186
C_{10}			0.1581				0.0186
C_{11}			0.5437				0.0408

续表

指标	B_1	B_2	B_3	B_4	B_5	B_6	W_i
	0.2896	0.0937	0.0750	0.1429	0.2090	0.1898	
C_{12}				0.6553			0.0936
C_{13}				0.2896			0.0414
C_{14}				0.0549			0.0549
C_{15}					0.5000		0.1045
C_{16}					0.5000		0.1045
C_{17}						0.4546	0.0863
C_{18}						0.4546	0.0863
C_{19}						0.0908	0.0172

从表 2-9 中可以看出：专家五对于施工现场关于模板高支撑稳定体系重要性因素的排序为：钢管材料、扫地杆纵向布置、扫地杆横向布置、主梁底立杆外伸长度、垂直纵向剪刀撑、垂直横向剪刀撑、直角扣件材料、旋转扣件材料、直角扣件拧紧扭矩值、板底立杆外伸长度、次梁底立杆外伸长度、立杆步距、对接扣件材料、立杆纵距、立杆横距、旋转扣件拧紧扭矩值、水平剪刀撑设置、垂直度、对接扣件拧紧扭矩值。

各指标在整个稳定性评价体系中所占的权数（专家六） **表 2-10**

指标	B_1	B_2	B_3	B_4	B_5	B_6	W_i
	0.1030	0.2830	0.0240	0.1960	0.2620	0.1320	
$6C_1$	0.5920						0.061
$9C_2$	0.2510						0.026
$13C_3$	0.1020						0.011
$14C_4$	0.0550						0.006
$1C_5$		0.6940					0.196
$7C_6$		0.1530					0.043
$7C_7$		0.1530					0.043
$15C_8$			0.2230				0.005
$17C_9$			0.0510				0.001
$16C_{10}$			0.1020				0.002
$10C_{11}$			0.6240				0.015
$2C_{12}$				0.7420			0.145
$10C_{13}$				0.1240			0.024
$9C_{14}$				0.1340			0.026
$4C_{15}$					0.450		0.118
$3C_{16}$					0.550		0.144
$11C_{17}$						0.1010	0.013
$5C_{18}$						0.7930	0.105
$11C_{19}$						0.1	0.013

从表 2-10 中可以看出：专家六对于施工现场关于模板高支撑稳定体系重要性因素的排序为：直角扣件拧紧扭矩值、主梁底立杆外伸长度、扫地杆横向布置、扫地杆纵向布置、垂直横向剪刀撑布置、钢管材料、旋转扣件拧紧扭矩值、对接扣件拧紧扭矩值、直角扣件材料、板底立杆外伸长度、次梁底立杆外伸长度、立杆步距、垂直纵向剪刀撑布置、水平剪刀撑布置、旋转扣件材料、对接扣件材料、立杆垂直度、立杆横距、立杆纵距。

各指标在整个稳定性评价体系中所占的权数(专家七)　　表 2-11

指标	B_1	B_2	B_3	B_4	B_5	B_6	W_i
	0.2025	0.1085	0.1041	0.2365	0.1640	0.1844	
$2C_1$	0.6050						0.123
$11C_2$	0.1320						0.027
$10C_3$	0.1450						0.029
$13C_4$	0.1180						0.024
$5C_5$		0.6031					0.065
$14C_6$		0.1673					0.018
$12C_7$		0.2296					0.025
$16C_8$			0.0645				0.007
$9C_9$			0.3782				0.039
$8C_{10}$			0.4182				0.044
$15C_{11}$			0.1391				0.014
$1C_{12}$				0.7052			0.167
$6C_{13}$				0.2367			0.056
$15C_{14}$				0.0581			0.014
$4C_{15}$					0.5000		0.082
$4C_{16}$					0.5000		0.082
$6C_{17}$						0.3057	0.056
$3C_{18}$						0.4835	0.089
$7C_{19}$						0.2108	0.039

从表 2-11 中可以看出：专家七对于施工现场关于模板高支撑稳定体系重要性因素的排序为：主梁底立杆外伸长度、钢管材料、垂直纵向剪刀撑、扫地杆纵向布置、扫地杆横向布置、直角扣件拧紧扭矩值、次梁底立杆外伸长度、水平剪刀撑布置、立杆横距、立杆纵距、垂直横向剪刀撑、旋转扣件材料、直角扣件材料、对接扣件拧紧扭矩值、对接扣件材料、旋转扣件拧紧扭矩值、立杆步距、板底立杆外伸长度、垂直度。

各指标在整个稳定性评价体系中所占的权数(专家八)　　表 2-12

指标	B_1	B_2	B_3	B_4	B_5	B_6	W_i
	0.1951	0.2035	0.1621	0.1985	0.0950	0.1458	
$8C_1$	0.2200						0.043
$5C_2$	0.3050						0.060

续表

指标	B_1	B_2	B_3	B_4	B_5	B_6	W_i
	0.1951	0.2035	0.1621	0.1985	0.0950	0.1458	
13C_3	0.1850						0.036
6C_4	0.290						0.057
1C_5		0.6020					0.123
9C_6		0.2062					0.042
11C_7		0.1918					0.039
16C_8			0.1530				0.025
10C_9			0.2540				0.041
17C_{10}			0.1440				0.023
4C_{11}			0.4490				0.073
2C_{12}				0.4591			0.091
5C_{13}				0.3022			0.060
7C_{14}				0.2387			0.047
6C_{15}					0.6000		0.057
12C_{16}					0.4000		0.038
15C_{17}						0.2023	0.029
3C_{18}						0.5748	0.084
14C_{19}						0.2229	0.032

从表 2-12 中可以看出：专家八对于施工现场关于模板高支撑稳定体系重要性因素的排序为：直角扣件拧紧扭矩值、主梁底立杆外伸长度、垂直横向剪刀撑、立杆步距、直角扣件材料、对接扣件材料、次梁底立杆外伸长度、扫地杆纵向布置、板底立杆外伸长度、钢管材料、旋转扣件拧紧扭矩值、立杆纵距、对接扣件拧紧扭矩值、扫地杆横向布置、旋转扣件材料、水平剪刀撑、垂直度、垂直纵向剪刀撑、立杆横距。

各指标在整个稳定性评价体系中所占的权数(专家九)　　表 2-13

指标	B_1	B_2	B_3	B_4	B_5	B_6	W_i
	0.2025	0.1125	0.1450	0.1543	0.1590	0.2267	
7C_1	0.3580						0.072
12C_2	0.2015						0.041
11C_3	0.2085						0.042
10C_4	0.2320						0.047
5C_5		0.6540					0.074
14C_6		0.2025					0.023
17C_7		0.1435					0.016
15C_8			0.1502				0.022
16C_9			0.1402				0.020

续表

指标	B_1	B_2	B_3	B_4	B_5	B_6	W_i
	0.2025	0.1125	0.1450	0.1543	0.1590	0.2267	
13C_{10}			0.2081				0.030
6C_{11}			0.5015				0.073
1C_{12}				0.6053			0.093
9C_{13}				0.3296			0.051
18C_{14}				0.0651			0.010
3C_{15}					0.5000		0.080
3C_{16}					0.5000		0.080
2C_{17}						0.4046	0.092
4C_{18}						0.3446	0.078
8C_{19}						0.2508	0.057

从表2-13中可以看出：专家九对于施工现场关于模板高支撑稳定体系重要性因素的排序为：主梁底立杆外伸长度、垂直纵向剪刀撑、扫地杆纵向布置、扫地杆横向布置、垂直横向剪刀撑、直角扣件拧紧扭矩值、立杆步距、钢管材料、水平剪刀撑设置、次梁底立杆外伸长度、对接扣件材料、旋转扣件材料、直角扣件材料、立杆横距、旋转扣件拧紧扭矩值、垂直度、立杆纵距、对接扣件拧紧扭矩值、板底立杆外伸长度。

各指标在整个稳定性评价体系中所占的权数（专家十）　　表2-14

指标	B_1	B_2	B_3	B_4	B_5	B_6	W_i
	0.3900	0.1457	0.1004	0.1305	0.1514	0.082	
2C_1	0.3080						0.120
8C_2	0.1120						0.044
9C_3	0.1025						0.040
1C_4	0.4775						0.186
5C_5		0.4200					0.061
6C_6		0.3205					0.047
10C_7		0.2595					0.038
15C_8			0.1045				0.010
12C_9			0.2203				0.022
13C_{10}			0.2052				0.021
6C_{11}			0.47				0.047
4C_{12}				0.5582			0.073
10C_{13}				0.2890			0.038
14C_{14}				0.1528			0.020
3C_{15}					0.5000		0.076
3C_{16}					0.5000		0.076
11C_{17}						0.4044	0.033
7C_{18}						0.5525	0.045
16C_{19}						0.0431	0.004

从表 2-14 中可以看出：专家十对于施工现场关于模板高支撑稳定体系重要性因素的排序为：对接扣件材料、钢管材料、扫地杆纵向布置、扫地杆横向布置、主梁底立杆外伸长度、直角扣件拧紧扭矩值、旋转扣件拧紧扭矩值、立杆步距、垂直横向剪刀撑布置、直角扣件材料、旋转扣件材料、次梁底立杆外伸长度、对接扣件拧紧扭矩值、垂直纵向剪刀撑设置、立杆纵距、立杆横距、板底立杆外伸长度、垂直度、水平剪刀撑设置。

2.1.2.5 稳定影响因素分析

为对专家评定的因素进行主次重要性分析，将专家组各成员的评定结果排在前十位因素进行如下汇总分析，如表 2-15 所示。

各专家评价前十位因素　　表 2-15

专家序号	评价前十位影响因素排名
专家一	C_1、C_4、C_{16}、C_{15}、C_2、C_5、C_{12}、C_{18}、C_{17}、C_3
专家二	C_5、C_{15}、C_{16}、C_{12}、C_{18}、C_1、C_7、C_6、C_2、C_{11}
专家三	C_{12}、C_1、C_{18}、C_{16}、C_{15}、C_5、C_{17}、C_{13}、C_4、C_3、C_2(并列多一位)
专家四	C_5、C_{12}、C_{16}、C_{15}、C_{11}、C_{13}、C_{18}、C_1、C_2、C_3、C_4(并列多一位)
专家五	C_1、C_{16}、C_{15}、C_{12}、C_{18}、C_{17}、C_2、C_5、C_3、C_{14}
专家六	C_5、C_{12}、C_{16}、C_{15}、C_{18}、C_1、C_6、C_7、C_2、C_{14}
专家七	C_{12}、C_1、C_{18}、C_{15}、C_{16}、C_5、C_{13}、C_{19}、C_{10}、C_9
专家八	C_5、C_{12}、C_{18}、C_{11}、C_2、C_4、C_{14}、C_1、C_6、C_9
专家九	C_{12}、C_{17}、C_{15}、C_{16}、C_{18}、C_5、C_{11}、C_1、C_{19}、C_{13}
专家十	C_4、C_1、C_{15}、C_{16}、C_{12}、C_5、C_6、C_{18}、C_2、C_3

为了分析计算出专家组评定的因素权重排名，对各专家成员评判的前十位的因素进行如下计算：排第一位的因素取 10 分，第二位因素取 9 分……，依此类推，最后第十位因素取 1 分计算。计算结果如表 2-16 所示。

因素综合总排名　　表 2-16

因素 \ 专家	一	二	三	四	五	六	七	八	九	十	总分
C_1	10	5	9	3	10	5	9	3	2	9	65
C_2	6	2	2	3	4	2	0	6	0	2	27
C_3	1	0	2	3	2	0	0	0	0	1	9
C_4	9	0	2	3	0	0	0	5	0	10	29
C_5	5	10	5	10	3	10	5	10	4	5	67
C_6	0	4	0	0	0	4	0	2	0	4	14
C_7	0	4	0	0	0	3	0	0	0	0	7
C_8	0	0	0	0	0	0	0	0	0	0	0
C_9	0	0	0	0	0	0	1	1	0	0	2
C_{10}	0	0	0	0	0	0	2	0	0	0	2
C_{11}	0	1	0	6	0	0	0	7	3	0	17

续表

因素 \ 专家	一	二	三	四	五	六	七	八	九	十	总分
C_{12}	4	7	10	9	7	9	10	9	10	6	81
C_{13}	0	0	3	5	0	0	4	0	0	0	12
C_{14}	0	0	0	0	1	1	0	4	0	0	6
C_{15}	8	9	7	8	9	0	7	0	8	8	64
C_{16}	8	9	7	8	9	8	6	0	7	7	69
C_{17}	3	0	4	0	6	7	0	0	9	0	29
C_{18}	3	6	8	4	5	6	8	8	5	3	56
C_{19}	0	0	0	0	0	0	3	0	1	0	4

从表2-11中可以看出，专家组评判因素重要性排名如下：主梁底立杆外伸长度、扫地杆横向布置、直角扣件拧紧扭矩值、钢管材料、扫地杆纵向布置、垂直横向剪刀撑、对接扣件材料、垂直纵向剪刀撑、直角扣件材料、立杆步距、旋转扣件拧紧扭矩值、次梁底立杆外伸长度、旋转扣件材料、对接扣件拧紧扭矩值、板底立杆外伸长度、水平剪刀撑、立杆纵距、立杆横距、垂直度。

2.2 影响因素施工误差调查

结合层次分析法得出的各构造因素的权重大小排列，对施工过程中影响模板高支撑体系稳定性因素的施工误差进行现场调查，为工程施工中安全控制或危险源控制提供依据。为了更加准确地知道影响模板高支撑整体稳定承载力的因素，以及各种因素发生的状况，本文对扣件脚手架的材料、扣件拧紧扭矩、立杆搭设情况、立杆外伸长度、扫地杆布置及剪刀撑布置等具体内容进行实地调查。

2.2.1 材料

在《钢管脚手架扣件》(GB 15831—2006)中，对于扣件进行了明确的规定，如表2-17所示。

扣件力学性能 **表2-17**

性能名称	扣件形式	性能要求
抗滑	直角	P=7.0kN时，$\Delta_1 \leqslant 7.0$mm；P=10.0kN时，$\Delta_2 \leqslant 0.5$mm
	旋转	P=7.0kN时，$\Delta_1 \leqslant 7.0$mm；P=10.0kN时，$\Delta_2 \leqslant 0.5$mm
抗破坏	直角	P=25.0kN时，各部位不应破坏
	旋转	P=17.0kN时，各部位不应破坏
扭转刚度	直角	扭力矩为900N·m时，$f \leqslant 70.0$mm
抗拉	对接	P=4.0kN时，$\Delta \leqslant 2.00$mm
抗压	底座	P=50.0kN时，各部位不应破坏

与钢管脚手架规范相比，目前施工现场中使用的钢管和扣件存在不少质量问题，如钢管壁厚达不到规范要求，钢管的平直度较差，一些钢管已明显弯曲等，致使模板支撑承载能力明显降低。对某现场高大模板支撑体系使用的直角、旋转、对接三种扣件共抽取56个样品进行抽样送检，检验结果(见表2-18～表2-20)显示仅对接扣件样品的抗拉性能符合要求，而直角扣件和旋转扣件的抗滑性能和抗破坏性能判定结果均为不合格。

2.2.1.1 直角扣件

钢管扣件(直角)抗滑及抗破坏性能检验结果，见表2-18。

钢管扣件(直角)抗滑及抗破坏性能检验结果 **表2-18**

检验项目	单位	技术要求	样品数	判别数组 Ac Re	检验结果				不合格数	判定结果
					1	2	3	4		
					5	6	7	8		
抗滑性能	mm	$P=7.0$kN时，$\Delta_1 \leqslant 7.0$	8	[0 2]	3.30 1.22	1.30 断裂	3.30 1.65	1.03 断裂	2	不合格
抗滑性能	mm	$P=10.0$kN时，$\Delta_2 \leqslant 0.5$	8	[0 2]	0.10 0.25	0.05 断裂	0.26 0.12	0.09 断裂	2	不合格
抗破坏性能	mm	$P=25.0$kN时，各部位不破坏	8	[0 2]	完好 断裂	完好 断裂	完好 完好	完好 断裂	3	不合格

2.2.1.2 旋转扣件

钢管扣件(旋转)抗滑及抗破坏性能检验结果，见表2-19。

钢管扣件(旋转)抗滑及抗破坏性能检验结果 **表2-19**

检验项目	单位	技术要求	样品数	判别数组 Ac Re	检验结果				不合格数	判定结果
					1	2	3	4		
					5	6	7	8		
抗滑性能	mm	$P=7.0$kN时，$\Delta_1 \leqslant 7.0$	8	[0 2]	断裂 10.90	10.60 3.80	10.00 10.00	7.20 5.80	6	不合格
抗滑性能	mm	$P=10.0$kN时，$\Delta_2 \leqslant 0.5$	8	[0 2]	断裂 0.10	断裂 0.06	断裂 断裂	0.18 0.13	4	不合格
抗破坏性能	mm	$P=17.0$kN时，各部位不破坏	8	[0 2]	断裂 断裂	断裂 断裂	断裂 断裂	完好 完好	6	不合格

2.2.1.3 对接扣件

钢管扣件(对接)抗拉性能检验结果，见表2-20。

钢管扣件(对接)抗拉性能检验结果 **表2-20**

检验项目	单位	技术要求	样品数量	判别数组 Ac Re	检验结果				不合格数	判定结果
					1	2	3	4		
					5	6	7	8		
抗拉性能	mm	$P=4$kN时，$\Delta \leqslant 2.0$	8	[0 2]	1.07 0.24	1.82 0.52	1.45 1.50	1.20 1.74	0	合格

注：3号样品试验前即有裂纹。

2.2.1.4 钢管

对于支撑架体系而言，钢管材料对其影响的因素主要为钢管壁厚和钢管平直度方面，对于目前施工现场流通使用的钢管壁厚调查研究发现，钢管的壁厚普遍无法达到规范要求的 3.5mm 的要求，绝大部分集中在 3.0mm 左右。这一点在设计中尤其需要着重考虑，因为壁厚的减少直接影响到钢管截面的抵抗矩值，从而对支撑体系的稳定产生影响。经计算发现，若壁厚减少 0.5mm，其截面的抵抗矩将减小约 13%左右。

对于钢管的立杆平直度，《建筑施工扣件式钢管脚手架安全技术规范》(JGJ 130—2011)对其要求如表 2-21 所示。

钢管平直度允许偏差 **表 2-21**

立杆钢管弯曲	允许偏差 Δ(mm)	示意图
3m<l<4m	≤12	
4m<l<6.5m	≤20	

对施工现场的立杆钢管进行抽样调查，取标准长度 6m 长度钢管进行测量。取得数据如表 2-22 所示。

钢管弯曲偏差值统计 **表 2-22**

钢管弯曲偏差值统计										
立杆(mm)										平均值
18	28	19	24	22	46	35	37	37	46	32.75
28	28	32	25	27	32	15	16	29	28	
30	29	24	43	45	45	32	23	26	25	
34	39	35	44	32	34	18	37	46	38	
46	42	64	26	55	22	22	26	44	39	
区间值		x≤20(合格)				20<x≤30	30<x≤40	40<x	总测点数	合格率
各区值数量		5				18	15	12	50	10%
百分比		10%				36%	30%	25%	100%	

对抽样测量的 50 根钢管的平直度进行测量，统计分析结果显示：满足规范要求的钢管仅为 5 根，占总体的 10%，绝大部分的钢管的平直度偏差在 20～40mm 之间。

2.2.2 扣件拧紧扭矩

扣件的拧紧扭矩的大小直接影响着扣件钢管节点的刚度情况，从而影响着支撑体系的稳定性。而扣件的拧紧程度越高(不超过 65N·m)，节点处的连接越接近于两端固定，可大大降低立杆计算长度，从而提高脚手架的承载能力。相反，如果扣件的拧紧程度越低，则横杆不会起到降低立杆计算长度的作用，也没法传递立杆内力。但是，目前施工现场对扣件的检查和重视程度不够，很多工地没有对工人进行培训，甚至连扭矩扳手都没有配备。因此，由于施工人员的随意性导致施工误差很大，本文对施工现场中扣件的拧紧扭矩进行抽测。

2.2.2.1 直角扣件

从表 2-23 中可以看出：对丹宁顿小镇项目的直角扣件的扭矩情况进行抽样检查，共抽取 227 个样本，得出扣件扭矩值的合格率仅为 6.61%，超过一半的扣件的扭矩值小于 10N·m。总体扣件拧紧扭矩平均值为 11.95N·m，远远小于规范要求的 40～65N·m。

丹宁顿小镇项目现场直角扣件扭力矩统计 **表 2-23**

丹灵顿扭力矩统计值										
直角扣(N·m)										平均值
16	0	5	14	52	9	0	9	7	0	
0	6	0	0	8	0	28	7	14	0	
6	5	0	7	8	12	0	6	9	0	
42	31	61	17	0	45	50	7	17	6	
0	6	0	0	32	9	41	9	7	16	
23	35	0	0	34	0	0	7	19	0	
0	6	5	43	42	0	13	0	9	0	
0	0	0	0	47	0	0	9	40	5	
0	10	28	0	5	0	0	26	0	0	
0	23	5	0	24	27	25	13	34	33	
0	36	9	38	20	5	21	10	0	15	
35	0	0	9	10	11	0	0	12	50	11.95
9	0	13	0	0	0	8	8	13	13	
27	18	17	36	16	0	11	0	12	10	
35	7	10	0	5	9	6	5	18	7	
12	0	0	9	5	19	18	5	0	0	
0	0	9	0	0	12	0	12	29	0	
45	10	29	9	13	9	0	0	6	0	
15	12	20	22	11	42	0	0	11	9	
0	8	0	29	64	7	0	9	15	27	
35	34	17	8	15	0	0	0	0	0	
7	0	0	36	8	37	6	8	8	10	
5	53	9	8	22	16	11				

区间值	$X=0$	$0<x<10$	$10\leqslant x<20$	$20\leqslant x<30$	$30\leqslant x<40$	$40\leqslant x\leqslant 65$	总测点数	合格率
各区值数量	76	59	44	18	15	15	227	6.61%
百分比	33.48%	25.99%	19.38%	7.93%	6.61%	6.61%	100%	

从表 2-24 中可以看出：对工程学院大学城南区项目现场的直角扣件拧紧扭矩值进行抽样检查，共抽取样本 120 个，得出扣件拧紧扭矩值的合格率为 3.33%，扣件拧紧扭矩值在 30N·m 以下的比率占到 94%。总体扣件扭矩平均值为 13.36N·m。

工程学院大学城南区项目现场直角扣件扭力矩统计 **表 2-24**

大学城南区扭力矩统计										
直角扣(N·m)										平均值
8	8	19	14	12	26	5	17	7	6	13.36
28	28	12	15	27	12	0	16	19	28	
10	19	0	11	7	0	17	11	26	25	
0	39	8	28	32	0	18	0	11	15	
14	31	12	26	5	22	22	26	44	9	
23	15	3	17	18	6	9	0	0	9	
8	15	20	21	14	41	28	17	15	21	
0	8	60	25	26	21	7	21	0	7	
0	10	20	18	24	12	13	5	10	0	
0	5	0	5	5	55	12	8	12	9	
10	0	14	0	0	6	0	7	0	12	
0	0	7	0	7	7	0	22	0	18	

区间值	$X=0$	$0<x<10$	$10\leqslant x<20$	$20\leqslant x<30$	$30\leqslant x<40$	$40\leqslant x\leqslant 65$	总测点数	合格率
各区值数量	24	28	37	24	3	4	120	3.33%
百分比	20.00%	23.33%	30.83%	20.00%	2.50%	3.33%	100%	

从表 2-25 可知：对工程学院图书馆项目进行直角扣件的扭矩值的抽样调查，共抽取样本 140 个，得出直角扣件扭矩合格率为 0.71%，扭矩值小于 20N·m 扣件所占比例为 90%。总体平均值为 13.36N·m。

工程学院图书馆项目现场直角扣件扭力矩统计 **表 2-25**

工程学院图书馆扭力矩统计										
直角扣(N·m)										平均值
6.7	8.1	6.9	18.5	23.5	22	0	15	35.4	26	13.36
0	27.7	17.3	46.8	0	13.4	26.5	11.6	9.2	15.7	
17.6	23.1	13.7	6.5	0	0	13.8	16	3	8.7	
8.8	20.4	11.1	11.6	7.3	0	7.3	34.9	0	8.3	
11	0	8.5	6.8	0	0	24.1	14.9	15.4	10.6	
9.3	7.8	0	11.6	10.2	10.6	0	9.8	0	5.2	
8.1	8.5	9.8	0	9	9.1	18.9	16.7	9	5.4	
13.3	8	12.1	13.5	14.2	5.7	0	12.9	15.2	0	
18.7	0	16.3	0	12.3	0	5.6	0	0	0	
10	0	5.2	0	5.7	0	8.9	13.2	0	8.4	
5.6	5.5	7.8	7	5.2	0	8.7	0	8.8	7.9	
12.1	10.7	0	11	15.5	0	0	14.7	28.3	10.3	
12.4	9.6	8.3	14.6	6.7	8					

区间值	$X=0$	$0<x<10$	$10\leqslant x<20$	$20\leqslant x<30$	$30\leqslant x<40$	$40\leqslant x\leqslant 65$	总测点数	合格率
各区值数量	31	43	40	9	2	1	140	0.71%
百分比	22.14%	30.71%	28.57%	6.43%	1.43%	0.71%	100%	

对家天下项目模板支架的直角扣件进行抽样检查，如表 2-26 所示。共抽取样本 100 个，根据规范的要求，得出扣件扭矩的合格率为 0%，扣件扭矩值小于 10N·m 的比例占到总体的 81%，扣件扭矩平均值仅为 0.46N·m。

家天下项目现场直角扣件扭力矩统计 **表 2-26**

家天下扭力矩统计										
直角扣件(N·m)										平均值
0	0	0	0	0	0	0	0	0	0	0.46
0	8	6	0	0	10	7	16	0	0	
0	0	0	11	0	24	21	5	21	0	
5	0	0	5	5	0	0	0	0	7	
0	6	0	0	6	5	5	7	6	5	
0	0	0	6	9	0	0	5	0	10	
6	0	0	0	0	10	10	0	0	5	
1	0	0	15	11	5	0	6	0	9	
0	9	5	8	0	16	5	5	0	7	
0	10	14	15	8	10	15	12	8	14	

区间值	$X=0$	$0<x<10$	$10\leqslant x<20$	$20\leqslant x<30$	$30\leqslant x<40$	$40\leqslant x\leqslant 65$	总测点数	合格率
各区值数量	49	32	16	3	0	0	100	0.00%
百分比	49.00%	32.00%	16.00%	3.00%	0.00%	0.00%	100%	

2.2.2.2 旋转扣件

对工程学院图书馆项目现场的旋转扣件扭矩值进行抽样检查，结果如表 2-27 所示。共抽取样本 39 个，经统计分析，得出合格率为 0%，其中绝大部分的扣件扭矩值集中在小于 20N·m，占总体的约 92%。扣件扭矩平均值为 11.04N·m，远远低于规范要求值。

工程学院图书馆项目现场旋转扣件扭力矩统计 **表 2-27**

工程学院扭力矩统计										
旋转扣件(N·m)										平均值
25.5	14	32.8	19.6	15.6	7.1	0	9.2	14.8	12.7	11.04
6.3	9.9	16.4	13.6	15.9	13.2	13.8	10.7	16.7	11.8	
0	5.7	0	11.9	0	6.5	9.1	0	0	13.7	
13.5	12.6	8.4	11.7	7.4	0	13.8	10.5	26.3	—	

区间值	$X=0$	$0<x<10$	$10\leqslant x<20$	$20\leqslant x<30$	$30\leqslant x<40$	$40\leqslant x\leqslant 65$	总测点数	合格率
各区值数量	7	9	20	2	1	0	39	0.00%
百分比	17.95%	23.08%	51.28%	5.13%	2.56%	0.00%	100%	

2.2.2.3 对接扣件

相比于普通模板支撑体系，在高支撑体系中往往由于支撑高度较高，立杆上对接节点更多，对接扣件的连接程度对支架的整体稳定性也有更大的影响。

由表 2-28 可知：对丹宁顿小镇项目现场支架的对接扣件进行抽样检查，共抽取样本 60 个，经过统计可得，对接扣件扭矩合格率为 33.33%，其次占取比例较大的扭矩区间为 10～20N·m，共有 50%。抽样对接扣件扭矩平均值为 32.18N·m，低于规范要求的 40N·m。

丹宁顿小镇项目现场对接扣件扭力矩统计 **表 2-28**

丹灵顿扭力矩统计值										
对接扣(N·m)										平均值
24	28	50	57	29	13	17	60	45	20	32.18
69	63	31	24	48	33	43	41	17	68	
11	8	29	17	56	64	26	13	15	24	
13	26	39	34	24	18	27	8	70	44	
29	49	34	17	0	12	43	28	58	57	
47	17	40	33	13	11	25	14	39	19	

区间值	$X=0$	$0<x<10$	$10\leqslant x<20$	$20\leqslant x<30$	$30\leqslant x<40$	$40\leqslant x\leqslant 65$	总测点数	合格率
各区值数量	1	2	16	14	7	20	60	33.33%
百分比	1.67%	3.33%	26.67%	23.33%	11.67%	33.33%	100%	

由表 2-29 可知：对工程学院大学城南区项目现场对接扣件扭矩进行抽样检查，共抽取样本 42 个，经统计计算可得：对接扣件扭矩合格率为 4.76%。在区间 $10\leqslant x<20$ 中的对接扣件，占取总体的 42.86%。对接扣件总体扭矩平均值为 19.33N·m，低于规范要求。

工程学院大学城南区项目现场对接扣件扭力矩统计 **表 2-29**

大学城南区扭力矩统计										
对接扣(N·m)										平均值
12	8	6	14	16	11	11	14	13	14	19.33
19	14	18	0	11	13	31	34	17	28	
0	24	0	24	33	30	33	17	38	29	
16	36	5	9	18	40	28	16	8	47	
33	24									

区间值	$X=0$	$0<x<10$	$10\leqslant x<20$	$20\leqslant x<30$	$30\leqslant x<40$	$40\leqslant x\leqslant 65$	总测点数	合格率
各区值数量	3	5	18	6	8	2	42	4.76%
百分比	7.14%	11.90%	42.86%	14.29%	19.05%	4.76%	100%	

对工程学院图书馆项目现场的对接扣件扭矩值进行抽样检查，结果如表 2-30 所示。共抽取样本 57 个，经统计分析，得出合格率为 5.26%，其中绝大部分的扣件扭矩值在 10～30N·m 之间，占总体的约 67%。扣件扭矩平均值为 18.59N·m。

工程学院图书馆项目现场对接扣件扭力矩统计 **表 2-30**

工程学院扭力矩统计

对接扣(N·m)										平均值
6.8	20.9	8.1	9.1	32.5	13.8	42.9	28.1	22.9	10.2	18.59
10.7	17.9	0	24.4	18.8	17.9	13.4	20.9	28.7	18.1	
0	22.6	7	6.2	29.8	9	37.8	20	22.6	13	
11.7	5.1	20.7	8	40.4	35.5	15	10.1	30.7	24.5	
18.1	21.7	13.2	20.1	17.5	14.4	11.6	23.9	11.7	14.2	
16.7	36.5	61.9	10.7	11.9	7.7	12.2				

区间值	$X=0$	$0<x<10$	$10\leqslant x<20$	$20\leqslant x<30$	$30\leqslant x<40$	$40\leqslant x\leqslant 65$	总测点数	合格率
各区值数量	2	9	23	15	5	3	57	5.26%
百分比	3.51%	15.79%	40.35%	26.32%	8.77%	5.26%	100%	

2.2.3 立杆

2.2.3.1 立杆垂直度

对施工现场高支撑模板体系的 23 根立杆进行垂直度实测。实测方法：从立杆顶部向下垂直吊线锤，然后在每个步距范围内，按四等分点，测其立杆外表皮到垂线的水平距离，用来表示立杆偏离程度，操作如图 2-2 所示。

对立杆进行简单编号，其垂直度测量结果列于图 2-3。图中横坐标表示水平偏差大小，纵坐标表示立杆的竖直高度。

将图 2-3 中各测量数据汇总于表 2-31。为了将各立杆的垂直度偏差与《建筑施工模板安全技术规范》(JGJ 162—2008)[42] 作对比分析，分别计算出各杆的绝对偏差值和相对偏差值。其中绝对偏差以立杆顶端为原点，杆上偏离原点最大坐标值的绝对值。相对偏差为绝对偏差与立杆长度的比值。

图 2-2 立杆垂直度实测方法

由表 2-31 可以看出，对于立杆高度小于 10m 的立杆，其合格率为 0；而对于立杆高度大于 10m 的立杆，其合格率为 28.6%。绝大部分立杆的垂直度偏差均大于规范要求值。

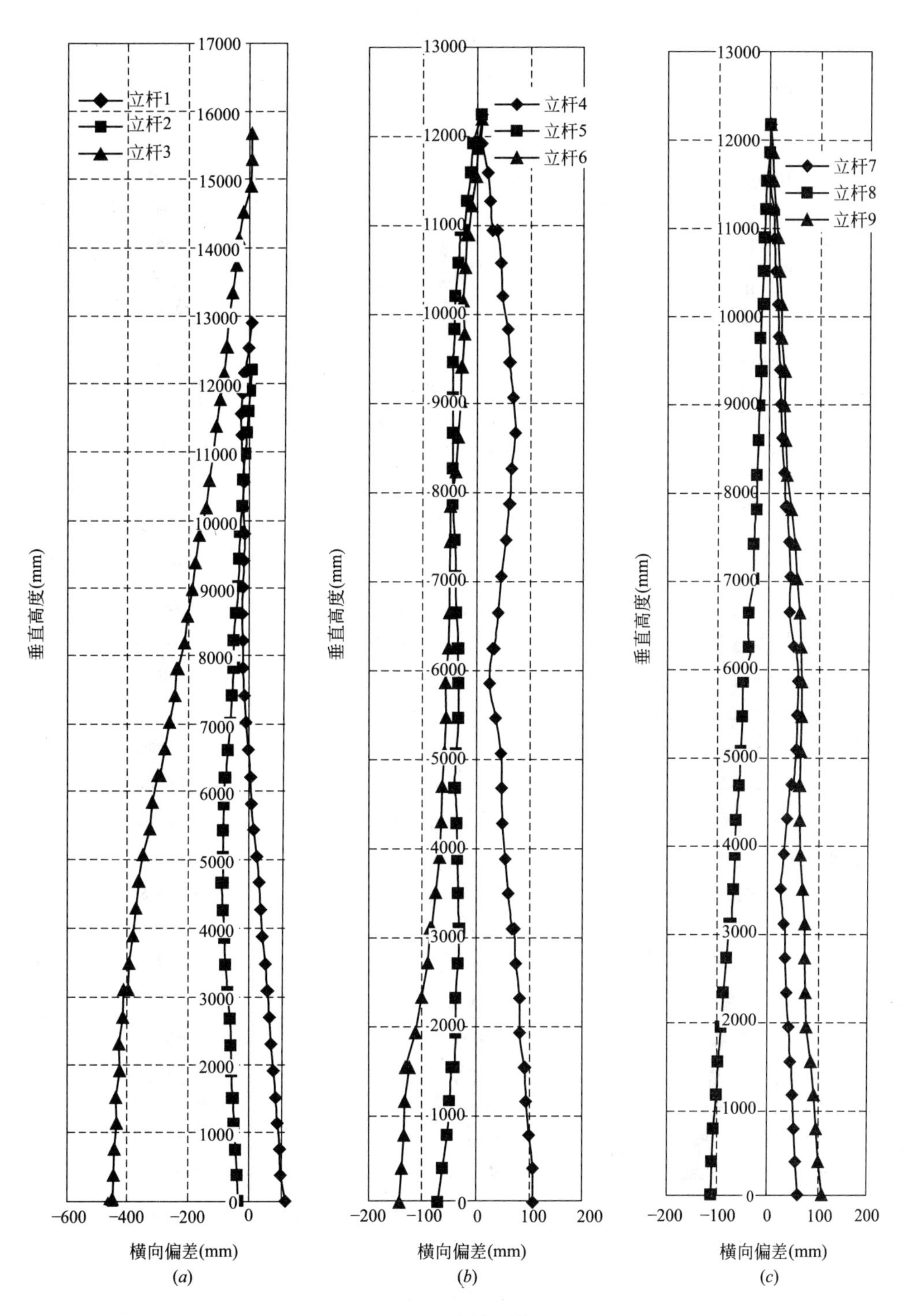

图 2-3　立杆垂直抽测偏差(一)

(a)立杆 1～立杆 3；(b)立杆 4～立杆 6；(c)立杆 7～立杆 9

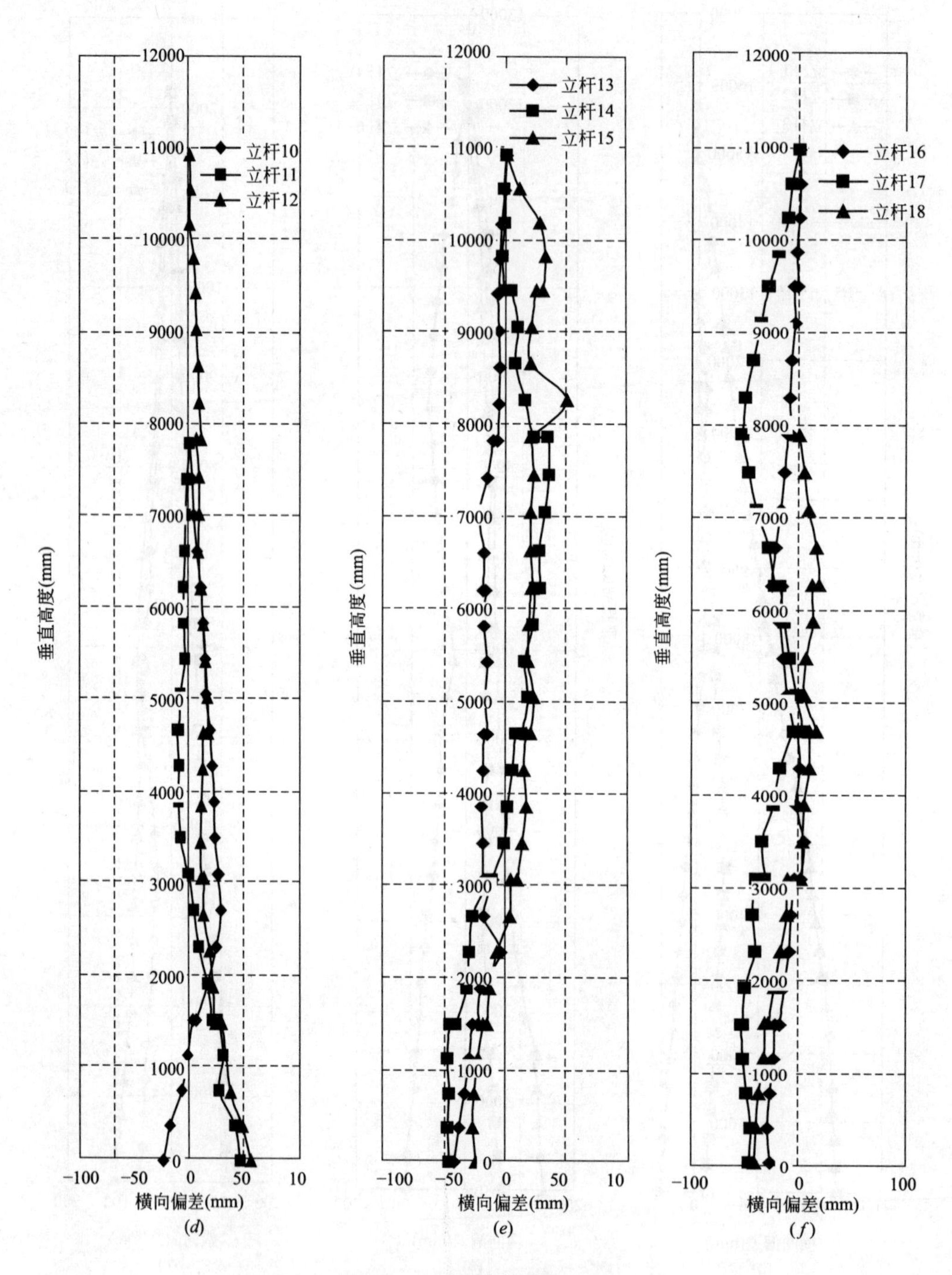

图 2-3　立杆垂直抽测偏差(二)

(d)立杆 10～立杆 12；(e)立杆 13～立杆 15；(f)立杆 16～立杆 18

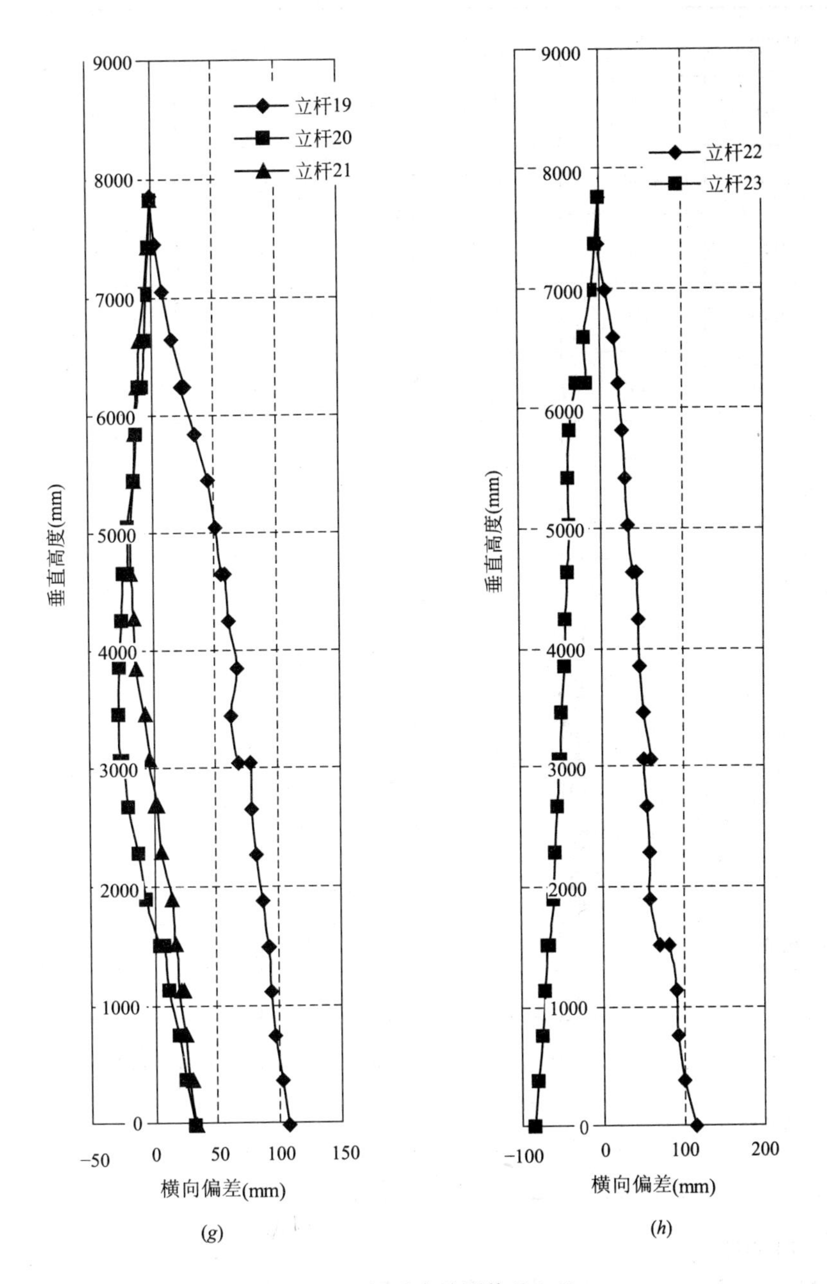

图 2-3 立杆垂直抽测偏差(三)

(*g*)立杆 19～立杆 21；(*h*)立杆 22～立杆 23

立杆垂直度最大偏差 表 2-31

立杆编号	立杆长度 L(mm)	绝对偏差 Δ(mm)	相对偏差 δ	立杆编号	立杆长度 L(mm)	绝对偏差 Δ(mm)	相对偏差 δ
1	12920	135	$\frac{1}{95}H$	13	10920	41	$\frac{1}{266}H$
2	12920	95	$\frac{1}{136}H$	14	10920	79	$\frac{1}{138}H$
3	15700	447	$\frac{1}{35}H$	15	10920	72	$\frac{1}{152}H$
4	12170	95	$\frac{1}{128}H$	16	7780	61	$\frac{1}{128}H$
5	12170	75	$\frac{1}{162}H$	17	7780	65	$\frac{1}{120}H$
6	12170	145	$\frac{1}{84}H$	18	7840	54	$\frac{1}{145}H$
7	12170	60	$\frac{1}{203}H$	19	7810	107	$\frac{1}{73}H$
8	12170	113	$\frac{1}{108}H$	20	7810	60	$\frac{1}{130}H$
9	12170	109	$\frac{1}{117}H$	21	7810	50	$\frac{1}{156}H$
10	10930	24	$\frac{1}{455}H$	22	7780	116	$\frac{1}{67}H$
11	10930	48	$\frac{1}{228}H$	23	7780	86	$\frac{1}{90}H$
12	10910	62	$\frac{1}{176}H$				

	区间	$\delta \leqslant \frac{1}{286}H$(合格)	$\frac{1}{286}H < \delta \leqslant \frac{1}{100}H$	$\delta > \frac{1}{100}H$	总数
$L \leqslant 10$m	各区值数量	0	5	3	8
	百分比	0.00%	62.5%	37.5%	100%

	区间	$\delta \leqslant \frac{1}{200}H$(合格)	$\frac{1}{200}H < \delta \leqslant \frac{1}{100}H$	$\delta > \frac{1}{100}H$	总数
$L > 10$m	各区值数量	4	8	3	14
	百分比	28.6%	57.1%	14.3%	100%

2.2.3.2 立杆间距

由《建筑施工扣件式钢管脚手架安全技术规范》(JGJ 130—2011)[43]对模板支撑体系立杆的构造规定：无论模板支撑架体系如何设置剪刀撑，或是如何设置跨数和高宽比，都将立杆的间距值限制在 1.2m 以下，除非有严格的计算分析，否则立杆的间距不宜超出 1.2m 的距离。

(1) 立杆纵距

对工地的模板高支撑体系的立杆纵向间距进行抽样调查，采集数据如表 2-32 所示。

立 杆 纵 向 间 距 **表 2-32**

立杆间距统计										平均值
立杆纵向间距(m)										
1.25	1.22	1.24	1.24	1.05	1.56	1.18	1.17	1.21	1.16	1.19
1.15	1.46	1.36	1.31	0.84	1.24	1.24	1.66	1.15	1.08	
1.21	1.26	1.17	1.21	1.15	1.17	1.16	1.22	1.24	1.22	
1.09	1.24	1.58	1.23	1.25	0.80	1.32	1.33	1.78	1.15	
1.17	1.19	1.19	1.17	1.54	1.05	1.23	1.23	1.22	1.24	
0.63	0.60	1.22	1.24	1.04	0.92	1.16	1.19	1.22	1.17	
1.12	0.87	1.33	1.30	0.83	1.26	1.22	1.57	1.22	1.11	
1.17	1.23	1.23	0.86	0.88	1.21	1.25	1.14	1.23	1.74	
1.18	1.10	1.13	1.17	1.22	1.88	1.10	1.11	1.17	1.20	
1.17	1.52	1.17	1.20	1.20	1.20	1.17	1.43	1.12	1.15	
1.20	1.44	1.23	1.46	1.17	1.07	1.37	1.08	1.40	1.06	
1.19	1.56	1.18	1.09	1.28	1.12	0.86	1.01	1.17	1.21	
1.07	1.11	1.09	1.08	1.09	1.06	1.09	1.08	1.10	1.06	
1.07	1.08	1.09	1.24	1.18	1.12	0.97	1.20	1.18	1.20	
1.18	1.21	1.13	1.04	1.19	1.26	1.20	1.07	1.05	1.04	
1.09	1.07	1.08								

区间值	$x\leqslant1.2$(满足要求)	$1.2<x\leqslant1.5$	$1.5<x$	总测点数
各区值数量	87	58	8	153
百分比	56.9%	37.9%	5.2%	100%

对抽取测量的 153 个数据样本进行统计分析，如表 2-32 所示，立杆间距满足规范要求的占总体的 56.9%。

(2) 立杆横距

对施工项目现场的模板高支撑体系的立杆横向间距进行抽样调查，采集其横向间距，如表 2-33 所示。

立 杆 横 向 间 距 **表 2-33**

立杆间距统计										平均值
立杆横向间距(m)										
1.06	1.07	1.29	1.20	1.18	1.17	1.14	1.20	1.18	1.30	1.06
1.07	1.18	1.18	1.05	1.36	1.15	1.05	1.32	1.17	1.20	
0.92	0.92	0.78	1.22	1.16	1.32	1.06	1.06	1.07	1.04	
1.32	1.16	1.23	1.23	1.14	1.30	1.24	1.24	1.22	1.15	
1.09	1.09	1.10	1.08	1.10	1.06	1.16	1.28	1.22	1.24	
0.66	0.66	0.86	0.66	1.18	1.28	1.16	1.13	1.10	1.05	
1.00	1.11	1.10	1.20	1.30	1.20	1.30	0.64	0.59	0.88	

续表

立杆间距统计										平均值
立杆横向间距(m)										
0.50	1.18	1.29	1.20	1.00	1.18	1.10	1.00	1.04	1.04	1.06
1.20	1.29	0.61	0.57	0.54	0.92	0.94	0.54	0.57	0.54	
0.64	1.26	1.15	1.07	1.03	0.57	0.67				

区间值	$x \leqslant 1.2$(满足要求)	$1.2 < x \leqslant 1.5$	$1.5 < x$	总测点数
各区值数量	67	30	0	97
百分比	69.1%	30.9%	0.00%	100%

对抽样测量的97个样本进行统计计算，结果如表2-33所示：满足规范要求的立杆占总体69.1%，其余超出规范要求的立杆间距主要处在$1.2 < x \leqslant 1.5$区间。

2.2.3.3 立杆步距

表2-34为立杆步距(上下水平杆轴线之间的间距)的统计表。由《建筑施工扣件式钢管脚手架安全技术规范》(JGJ 130—2011)[43]，对模板支撑体系立杆步距的构造规定：无论模板支撑架体系如何设置剪刀撑又或是如何设置跨数和高宽比，都将立杆的布距值限制在1.8m以下，除非有严格的计算分析，否则立杆的间距不宜超出1.8m的距离。

立 杆 步 距 表2-34

立杆步距统计										平均值
立杆步距(m)										
1.30	1.48	1.60	1.62	1.57	1.58	1.51	1.56	1.30	1.47	1.54
1.60	1.62	1.57	1.58	1.56	1.51	1.30	1.49	1.56	1.59	
1.59	1.57	1.51	1.29	1.52	1.58	1.57	1.57	1.57	1.57	
1.51	1.56	1.55	1.56	1.59	1.52	1.50	1.59	1.62	1.56	
1.57	1.49	1.58	1.47	1.59	1.64	1.57	1.59	1.57	1.49	
1.48	1.60	1.63	1.57	1.59	1.57	1.49	1.61	1.58	1.59	
1.50	1.58	1.57	1.58	1.56	1.52	1.56	1.58	1.57	1.56	
1.51	1.56									

区间值	$X < 1.2$	$1.2 \leqslant x < 1.5$	$1.5 \leqslant x < 1.8$	$1.8 \leqslant x$	总测点数
各区值数量	0	13	59	0	62
百分比	0.00%	21.0%	79.0%	0.00%	100%

根据规范要求，立杆步距应控制在1.8m以内，对现场的调查结果分析显示，这一点符合要求的情况较好。

2.2.4 立杆外伸长度

由《建筑施工扣件式钢管脚手架安全技术规范》(JGJ 130—2011)[43]第6.9.1条对模板支撑体系立杆外伸长度的构造规定：无论模板支撑架体系如何设置剪刀撑，或如何设置跨数和高宽比，都将立杆伸出顶层水平杆中心线至支撑点的长度值限制在 0.5m 以下，除非有严格的计算分析，否则立杆的间距不宜超出 0.5m 的距离。

2.2.4.1 主梁底立杆外伸长度

工程学院图书馆项目主梁底立杆外伸长度 **表 2-35**

立杆外伸长度统计										平均值
主梁底部(mm)										
182	272	254	417	432	417	378	375	382	375	390
372	362	375	407	397	714	408	485	365	378	
425	417	375	357	415	416					
区间值		$x\leqslant 500$(满足要求)						$500<x$		总测点数
各区值数量		25						1		26
百分比		96.2%						3.8%		100%

由表 2-35 数据统计分析可知：由于主梁的高度较大，加之主梁底下承受的荷载较大，故对于主梁底的立杆外伸长度的控制较好，符合规范要求的主梁底立杆占总体 96.2%。

2.2.4.2 次梁底立杆外伸长度

工程学院图书馆项目次梁底立杆外伸长度 **表 2-36**

立杆外伸长度统计										平均值
次梁底部(mm)										
485	563	554	563	514	501	586	568	547	546	529
623	354	442	597	452	552	594	385	588	652	
623	572	563	743	578	592	624	615	335	295	
317	625	598	587	585	585	325	267			
区间值		$x\leqslant 500$(满足要求)						$500<x$		总测点数
各区值数量		10						28		38
百分比		26.4%						73.6%		100%

由表 2-36 数据统计分析结果可知：满足规范要求的次梁底立杆为 26.4%。

2.2.4.3 板底立杆外伸长度

工程学院图书馆项目立杆外伸长度 **表 2-37**

立杆外伸长度统计										平均值
板底立杆(mm)										
293	321	223	225	268	497	305	442	438	453	377
563	374	365	344	230	295	287	355	312	462	
435	444	457	545	525	495	298	315			
区间值		$400\leqslant x\leqslant 500$						$500<x$		总测点数
各区值数量		25						3		28
百分比		89.3%						10.7%		100%

以表 2-37 数据分析可以看出，89.3%的班底立杆外伸长度符合要求。

2.2.5 扫地杆布置

根据《建筑施工扣件式钢管脚手架安全技术规范》(JGJ 130—2011)规定，支撑架必须设置纵横向扫地杆。纵向扫地杆应采用直角扣件固定在距离钢管底部不大于 200mm 处，横向扫地杆应采用直角扣件固定在紧靠纵向扫地杆下方的立杆上。

2.2.5.1 纵向扫地杆

工程学院图书馆项目现场纵向扫地杆高度 **表 2-38**

工程学院图书馆项目现场纵向扫地杆高度统计										平均值
同一排的扫地杆高度(横方向上纵杆的高度，包括管的直径)(mm)										
300	340	350	360	375	390	410	410	395	290	362
335	358	350	355	380	395	400	410	410	326	
318	335	338	335	350	379	398	398	404	324	
343	348	362	350	365	375	405	415	430	330	
365	352	342	348	357	376	415	445	380	358	
368	312	325	318	326	343	365	384	423	364	
336	330	324	316	323	342	343	365	408		

区间值	$X\leqslant 200$(合格)	$200<x\leqslant 300$	$300<x\leqslant 400$	$400\leqslant x$	总测点数
各区值数量	0	2	54	13	69
百分比	0.00%	2.9%	78.4%	18.6%	100%

由表 2-38 纵向扫地杆高度抽样结果统计分析显示：对于规范要求的纵向扫地杆高度不大于 200mm 的扫地杆数量为 0，即合格率为 0%，如表 3-38 所示。其中绝大部分扫地杆高度集中在 $300<x\leqslant 400$ 区间。

2.2.5.2 横向扫地杆

工程学院图书馆项目现场横向扫地杆高度 **表 2-39**

工程学院图书馆项目现场横向扫地杆高度统计										平均值
同一排的扫地杆高度(横方向上纵杆的高度，包括管的直径)(mm)										
235	248	276	282	293	308	306	330	285	286	286
250	251	252	258	298	305	310	320	286	305	
274	251	243	254	272	279	296	308	318	322	
250	253	253	251	251	254	262	369	304	334	
276	262	252	246	263	271	298	300	263	276	
269	274	272	296	282	321	348	285	299	312	
286	284	294	314	342	348	328	334	336	304	
206	268	286	273	302						

区间值	$X\leqslant 200$(合格)	$200<x\leqslant 300$	$300<x\leqslant 400$	$400\leqslant x$	总测点数
各区值数量	0	51	24	0	74
百分比	0.00%	68.9%	31.1%	0.00%	100%

对表 2-39 抽样 74 个测试点的各横向扫地杆高度进行测量，经统计，结果为符合规范要求的不大于 200mm 的扫地杆数量为 0，即合格率为 0%，如表 3-39 所示。

2.2.6 剪刀撑布置

根据《建筑施工扣件式钢管脚手架安全技术规范》(JGJ 130—2011)[43]第 6.9.4 条规定：竖向剪刀撑斜杆与地面的倾角应为 45°～60°，水平剪刀撑与支架纵(或横)向夹角应为 45°～60°。

剪刀撑角度　　表 2-40

剪刀撑角度统计					平均值
剪刀撑角度(°)					
剪刀撑编号	直角边长度(cm)	垂直边长度(cm)	正切值	倾斜角度	
1	56	129	2.30	67°	62°
2	55	103	1.87	62°	
3	53	114	2.15	65°	
4	58	98	1.69	59°	
5	62	120	1.94	63°	
6	62	120	1.94	63°	
7	60	116	1.93	63°	
8	55	91	1.65	59°	
9	62	138	2.23	66°	
10	56	95	1.70	60°	
11	62	101	1.63	59°	
12	48	84	1.75	60°	
13	52	103	1.98	63°	
14	61	113	1.85	62°	
15	45	80	1.78	61°	
16	61	105	1.72	60°	
17	47	124	2.64	69°	
18	61	101	1.66	59°	
19	50	103	2.06	64°	
20	45	77	1.71	60°	
21	58	92	1.59	58°	

区间值	45°～60°(合格)	>60°	总测数
各区值数量	8	12	20
百分比	40%	60%	100%

由表 2-40 可知：对抽样的 20 个测试点的剪刀撑进行了角度测量，其中合格率为 40%，其余部分剪刀撑的角度均大于 60°。

2.3 构造因素综合分析

2.3.1 构造因素施工误差汇总

对现场各构造因素的误差情况进行汇总，如表 2-41 所示，并按照各因素合格率情况进行先后排列。

各构造因素施工误差情况汇总 表 2-41

准则层	序号	指标层因素	现场实测施工误差调查情况	误差排列
材料	C_1	钢管	立杆钢管平直度合格率 10%	6
	C_2	直角扣件	不合格	1
	C_3	旋转扣件	不合格	1
	C_4	对接扣件	抗拉性能合格	17
扣件拧紧扭矩值	C_5	直角扣件拧紧扭矩值	对四个现场施工项目的直角扣件扭矩值分别进行统计，结果为： 项目一：平均值 11.95N·m，合格率 6.61% 项目二：平均值 13.65N·m，合格率 3.33% 项目三：平均值 13.36N·m，合格率 0.71% 项目四：平均值 0.46N·m，合格率 0%	7
	C_6	旋转扣件拧紧扭矩值	平均值：11.04N·m，合格率 0%	1
	C_7	对接扣件拧紧扭矩值	对三个项目的对接扣件扭矩值分别进行统计，结果为： 项目一：平均值 32.18N·m，合格率 33.3% 项目二：平均值 19.33N·m，合格率 4.76% 项目三：平均值 18.59N·m，合格率 5.26%	8
立杆	C_8	垂直度	立杆长度 $L\leqslant 10$m，合格率 0% 立杆长度 $L>10$m，合格率 28.6%	9
	C_9	立杆纵距	平均值 1.19m，33.1%不符合规范要求	11
	C_{10}	立杆横距	平均值 1.06m，30.9%不符合规范要求	10
	C_{11}	立杆步距	平均值 1.54m，几乎满足规范要求	16
立杆外伸长度	C_{12}	主梁底立杆外伸长度	平均值 390mm，96.2%满足规范要求	15
	C_{13}	次梁底立杆外伸长度	平均值 529mm，26.4%满足规范要求	12
	C_{14}	板底立杆外伸长度	平均值 377mm，89.3%满足规范要求	14
扫地杆布置	C_{15}	扫地杆纵向布置	平均值 362mm，全不满足规范要求	1
	C_{16}	扫地杆横向布置	平均值 286mm，全不满足规范要求	1
剪刀撑布置	C_{17}	垂直纵向剪刀撑	倾斜角度平均值 62°，40%满足规范要求	13
	C_{18}	垂直横向剪刀撑		
	C_{19}	水平剪刀撑	—	—

从表 2-41 中可以看出：符合规范要求的构造因素有：对接扣件材料、立杆步距及基

本满足要求的主梁底立杆外伸长度因素。其余因素的调查情况显示与规范要求相差较远，甚至出现了某些项目实施过程中有的因素零合格率情况。

在材料因素调查中，虽然扣件的抗破坏性能都能满足《钢管脚手架扣件》(GB 15831—2006)的要求，但是在使用状态下模板支撑体系的性能主要由扣件的抗滑性能决定，扣件的抗滑性能直接影响着整架体系的安全稳定性。立杆中钢管的平直度合格率较低，并且目前现场施工中对于钢管堆放管理的不合理性有可能会加剧这种情况的恶化，故现场对钢管堆放的管理应予以加强，并应在检查后使用，避免由于钢管弯曲导致的过早屈曲影响整体的性能。

扣件扭矩值的调查是本次工作的重点，通过对前面节点试验过程的分析可以知道，扣件螺栓拧紧情况将直接影响钢管扣件节点的刚度。在目前现场施工中，螺栓的拧紧工作主要由工人完成，并且支架搭设完成后没有相应的检测工具进行检测，工人凭经验办事，这无疑给施工现场的安全带来了潜在隐患。通过对扣件的螺栓拧紧程度的调查发现，这种担心是不无根据的。统计数据显示：直角扣件的拧紧扭矩值在10N·m左右，合格率低于10%；旋转扣件的扭矩值合格率为0；对接扣件扭矩值在20N·m左右，合格率在15%左右。

立杆的统计情况显示：立杆步距的控制相对较符合规范的要求，因为立杆步距的设定直接关系到支架设计计算中立杆计算长度的取值，而这也直接关系到支撑架体系的稳定承载力，故在现场施工操作和监管中得到了较好的控制。其次立杆间距的控制基本符合要求，统计结果显示不符合概率为30%左右。最后对于立杆垂直度的检查发现，立杆垂直度几乎无法满足规范的要求，经分析，导致这个原因的主要有以下几个方面：立杆垂直度的情况直接由立杆平直度影响，而周转使用的钢管平直度自身就无法满足要求；其次调查过程中发现，对接扣件的连接处往往会发生立杆轴线的弯折，这大大地影响了立杆的垂直度情况；再有就是现场施工操作中缺乏用相应仪器检查立杆垂直度的工作，往往是人工调整后即投入使用。

对于立杆外伸长度的抽样调查发现，主梁底立杆外伸长度的控制较好，因为高支撑中荷载较大部位一般为主梁底，对于高支撑稳定承载力而言，主梁范围内荷载起到绝对控制作用，故主梁底的立杆外伸长度将直接决定着上部结构的稳定性。由于主梁高度的存在，在操作中往往是在板底立杆外伸长度上再加一道横杆，这样就使得板底立杆外伸长度得以减小，而由于次梁板底立杆外伸长度情况居于前二者中间，操作中往往为了省时省力而直接搭设，这样一来，就导致了次梁底立杆外伸长度的过大，如表2-36中次梁的合格率仅为26.4%。

现场施工中扫地杆的设置几乎无法满足规范的要求。在支撑架体系中，扫地杆的固定部位处于底部，为整个架体稳定的基础，在施工管理中应该严加控制。

从调查结果中可见，剪刀撑的现场实施情况也不乐观。由已有的数据可知，虽然剪刀撑设置角度平均值为62°，比较接近于规范要求的40°～60°，但合格率仅为40%。

2.3.2 构造因素综合分析

为对模板高支撑稳定体系的各构造因素进行综合分析对比，将层次分析法得到的各构造因素重要性排名与其现场实测误差情况排名列于表2-42，并根据其两次排名情况综合相加，将值最小的在总排列中排在第一位。

构造因素综合分析　　表 2-42

准则层	序号	指标层因素	权重排序	误差排列	排名求和	总排列
材料	C_1	钢管	4	6	10	4
	C_2	直角扣件	8	1	9	3
	C_3	旋转扣件	12	1	13	6
	C_4	对接扣件	7	17	24	12
扣件拧紧扭矩值	C_5	直角扣件拧紧扭矩值	3	7	10	4
	C_6	旋转扣件拧紧扭矩值	10	1	11	5
	C_7	对接扣件拧紧扭矩值	13	8	21	10
立杆	C_8	垂直度	17	9	26	13
	C_9	立杆纵距	16	11	27	15
	C_{10}	立杆横距	16	10	26	14
	C_{11}	立杆步距	9	16	25	13
立杆外伸长度	C_{12}	主梁底立杆外伸长度	1	15	16	7
	C_{13}	次梁底立杆外伸长度	11	12	23	11
	C_{14}	板底立杆外伸长度	14	14	28	15
扫地杆布置	C_{15}	扫地杆纵向布置	5	1	6	2
	C_{16}	扫地杆横向布置	2	1	3	1
剪刀撑布置	C_{17}	垂直纵向剪刀撑	7	13	20	9
	C_{18}	垂直横向剪刀撑	6	13	19	8
	C_{19}	水平剪刀撑	15	17	32	16

经过构造因素权重的理论计算和施工现场误差调查情况的综合分析，得出构造因素的综合总排列，排列的顺序体现为施工现场需管理控制程度的先后关系。

经选择，取综合排列中前十位的构造因素为支撑体系的“危险源”因素，即：扫地杆横向布置、扫地杆纵向布置、直角扣件材料、钢管材料、直角扣件拧紧扭矩值、旋转扣件拧紧扭矩值、旋转扣件材料、主梁底立杆外伸长度、垂直横向剪刀撑、垂直纵向剪刀撑。

对于支撑构造中的“危险源”因素，建议施工现场应该格外严格控制，防范事故的发生。

2.4 本章小结

本章中主要研究各构造因素对模板高支撑体系稳定性的影响情况，主要分为三个方面：一是对各构造因素的权重计算分析；二是对各构造因素施工现场操作的误差调查；三是综合理论计算和实地调查，提出影响高支撑稳定的“危险源”因素。

2.4.1 各构造因素对模板支撑稳定性的影响

综合考虑各专家意见并采用层次分析方法，得到了各因素对高支撑稳定性的影响程度。影响程度从大到小依次为：扫地杆纵向布置、扫地杆横向布置、主梁底立杆外伸长度、钢管材料、直角扣件拧紧扭矩值、垂直横向剪刀撑、直角扣件材料、对接扣件材料、垂直纵向剪刀撑、次梁底立杆外伸长度、旋转扣件材料、立杆步距、旋转扣件拧紧扭矩值、对接扣件拧紧扭矩值、板底立杆外伸长度。

2.4.2 施工中各因素的误差程度

在各因素对高支撑稳定性影响程度的基础上，进一步考察施工中各因素的误差程度。调查中发现各因素现场操作情况与规范要求的标准相差甚远，按其不合格率大小排列依次为：直角扣件材料、旋转扣件材料、旋转扣件拧紧扭矩值、扫地杆纵向布置、扫地杆横向布置、钢管材料、直角扣件拧紧扭矩值、对接扣件拧紧扭矩值、立杆垂直度、立杆横距、立杆纵距、次梁底立杆外伸长度、剪刀撑布置、板底立杆外伸长度、主梁底立杆外伸长度、立杆步距、对接扣件材料。

2.4.3 危险源确定

综合考虑各因素对高支撑稳定性的影响程度和施工中各因素的误差程度，结合理论与实践情况，对各构造因素的影响程度进行最终评定，并将综合排名前十位因素列入高支撑搭设“危险源”，依次为：扫地杆纵向布置、扫地杆横向布置、直角扣件材料、钢管材料、旋转扣件材料、直角扣件拧紧扭矩值、旋转扣件拧紧扭矩值、主梁底立杆外伸长度、次梁底立杆外伸长度、垂直纵向剪刀撑。

第3章　钢管扣件节点性能试验研究

在扣件式钢管支撑架体系中，立杆为多点支撑的连续压杆，水平杆和剪刀撑的作用是为立杆提供侧向支撑，同时也起到调节各立杆受力的作用，使轴力较大、变形较大的立杆通过水平杆传递给周围立杆，避免过早屈曲，提高支撑体系的整体稳定性。扣件与钢管之间的连接可靠性是水平杆和剪刀撑都能充分发挥侧向支撑作用的关键因素之一。《钢管脚手架扣件》(GB 15831—2006)[57]规定扣件必须具有抗滑、抗破坏、抗扭刚度等力学性能。但目前关于扣件式钢管节点的抗滑、抗扭本构关系的研究尚较为少见，大多仅局限于扣件的检测范围。目前，《建筑施工扣件式钢管脚手架安全技术规范》(JGJ 130—2011)[43]在计算扣件式钢管模板支撑体系时，由于对扣件的连接程度难以准确界定，因此支撑系统的整体稳定性计算简化成单根立杆的稳定性计算。显然，规范的这种简化算法存在一些不足。而实际上，对于模板高支撑体系，其立杆的受力形式与一般支撑体系存在一些显著的差别。因此，对于模板高支撑体系，其稳定承载力的设计计算必须进一步考虑。

3.1　扣件节点试验总体概况

本章主要进行直角扣件的抗滑、抗扭以及旋转扣件的抗滑三组单元节点刚度试验。试验主要分为一次性加载试验和周转性加载试验。一次性加载试验主要考虑扣件拧紧扭矩大小这一参数；周转性加载试验考虑的主要参数：扣件拧紧扭矩值、周转加载次数、历史加载水平等。最后，在对试验数据进行分析的基础上拟合出符合扣件实际性能的各扣件抗滑、抗扭本构关系。

每组单元实验均进行33个钢管扣件性能加载实验，详见各节构件列表。分为一次性加载试验和周转性加载试验：其中一次性加载试验试件共15个，主要考虑扣件拧紧扭矩T_r大小不同对扣件节点本构关系的影响，每个参数进行3个试件试验；周转性加载试验试件共18个，试验参数设置：扣件拧紧扭矩值(T_r)、周转加载次数(N)、加载水平(ΔT)。

经过对施工现场扣件式钢管架的调查，扣件的拧紧扭矩值远远达不到规范规定的要求值(40～65N·m)。目前施工现场，扣件拧紧扭矩值均未达到40N·m，平均仅达到15N·m左右。为更好体现出扣件拧紧扭矩低于规范要求时，对模板支撑体系稳定承载力的影响，本章在一次性试验中扣件拧紧扭矩参数的设置为：50N·m、40N·m、30N·m、20N·m、10N·m；在周转性试验中，拧紧扭矩值以20N·m为基准。

加载装置采用全自动微机控制扣件试验机，拧紧扭矩的施加采用数显扭力矩扳手，如图3-1所示。全自动微机控制扣件试验机是由计算机来控制设备加载并采集相关数据，可以实现上位机对下位机的控制，达到人机通信的目的。通过计算机与变频器实现通信，利用计算机对变频器的控制进而实现变频器控制减速电机给各部位加载来实现试验各部分操作，最后将试验数据上传到计算机，并进行相应的处理，操作人员可以直观地看到试验数据。

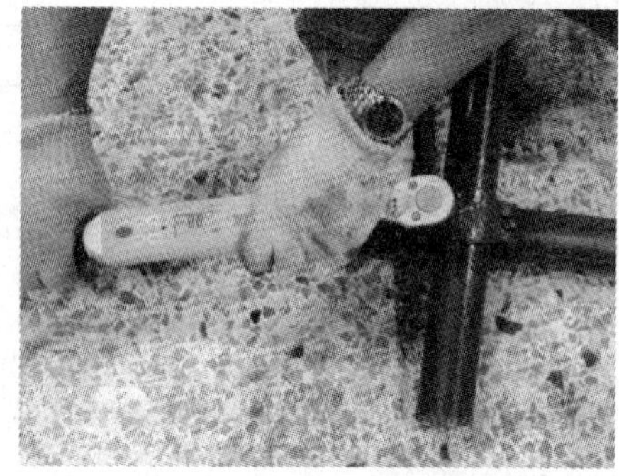

图 3-1　扣件试验机和数显扭力矩扳手

3.2　直角扣件抗扭性能试验

3.2.1　试验方案

直角扣件抗扭性能试验试件参数设置如表 3-1 所示，试验示意如图 3-2 所示。根据扣件试验的构件要求，水平杆长度为 2m，立杆长度为 400mm，将扣件扣在水平杆、立杆居中位置进行试验。

直角扣件抗扭性能试验试件参数设置　　表 3-1

序号	构件编号	拧紧扭矩值 T_r(N·m)	加载幅度 ΔT(N·m)	循环次数 N(次)
1	10-1	10	—	—
2	10-2	10	—	—
3	10-3	10	—	—
4	20-1	20	—	—
5	20-2	20	—	—
6	20-3	20	—	—
7	30-1	30	—	—
8	30-2	30	—	—
9	30-3	30	—	—
10	40-1	40	—	—
11	40-2	40	—	—
12	40-3	40	—	—
13	50-1	50	—	—
14	50-2	50	—	—
15	50-3	50	—	—
16	20-600-10-1	20	600	10

续表

序号	构件编号	拧紧扭矩值 T_r(N·m)	加载幅度 ΔT(N·m)	循环次数 N(次)
17	20-600-10-2	20	600	10
18	20-600-15-1	20	600	15
19	20-600-15-2	20	600	15
20	20-600-25-1	20	600	25
21	20-600-25-2	20	600	25
22	20-600-35-1	20	600	35
23	20-600-35-2	20	600	35
24	20-600-50-1	20	600	50
25	20-600-50-2	20	600	50
26	20-300-25-1	20	300	25
27	20-300-25-2	20	300	25
28	20-900-2	20	900	2
29	20-900-3	20	900	3
30	40-600-11-1	40	600	11
31	40-600-11-2	40	600	11
32	40-900-3-1	40	900	3
33	40-900-2-1	40	900	2

由于试验过程中使用的扣件承受周转加载的能力无法满足试验要求，在直角扣件抗扭性能试验中，在加载水平为 600N·m 和 900N·m 的构件周转试验中，均未达到预先设定的周转次数，分别只达到 11 次、11 次、3 次、2 次，即 40-600-11-1、40-600-11-2、40-900-3-1、40-900-2-1。

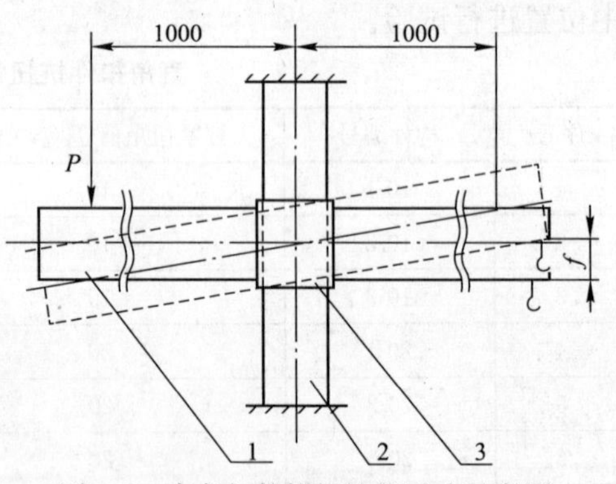

图 3-2 直角扣件抗扭性能试验示意图
1—横管；2—竖管；3—扣件

3.2.2 试验方法

试验时，在横杆的一端施加竖向荷载，在另一端测量其转动位移(由于扣件居中放置在水平杆上，所以横杆转动位移即为弧度值)。先预加载 20N·m，持荷 2min，检验加载装置是否正常，然后卸载。正式加载时，加载速度控制为 350N·m/s。停止加载的标准为位移达到设备的限值或者荷载达到 900N·m 的两者之一。一次性试验，每个扣件按以上标准直接加载到破坏。周转性加载试验，每个扣件分别按所设定的参数进行多次加载，最后进行破坏加载试验。例如 20-600-10-1，第一次先加载到 600N·m，然后把扣件、立杆、横杆都拆卸开来，重新安装拧紧后进行第二次加载到 600N·m，这样反复 10 次后，再将扣件、横杆、立杆重新安装好后进行破坏加载实验，采集破坏加载过程中试验数据。本文后面所绘制的循环加载试验曲线，均指节点经多次周转加载后经破坏加载得到的试验曲线。

3.2.3 试验现象与结果分析

3.2.3.1 试验现象

在一次性加载试验中扣件基本上没发生断裂破坏，但在进行周转试验时，扣件出现了以下几种典型的破坏形态：

1. 扣件螺杆滑丝

图 3-3(*a*)为扣件 40-600-11-1 在扭矩为 40N·m，加载幅度为 600N 的情况下循环 11 次时，出现扣件滑丝的现象。

2. 扣件磨损

图 3-3(*b*)为扣件 40-900-3 在扭矩为 40N·m，幅度为 900N 的情况下循环 3 次时，出现扣件磨损，螺杆断头无法卡住的现象。

3. 立杆磨损

图 3-3(*c*)为扣件 20-600-50-1 扭矩在 20N·m，幅度为 600N 情况下循环 50 次时，出现立杆破坏磨损的现象。

4. 扣件变形

图 2-3(*d*)为扣件 40-600-11-1 经过多次周转，横杆与立杆之间的夹角出现相对转角位移，拧紧时，横杆无法保持水平。图中虚线表示水平线。

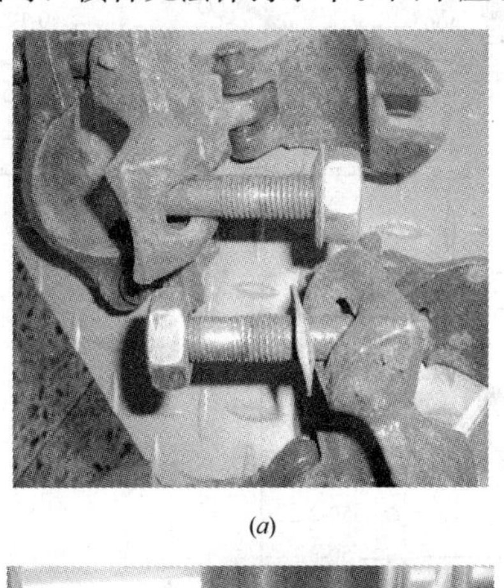

(*a*)

(*b*)

(*c*)

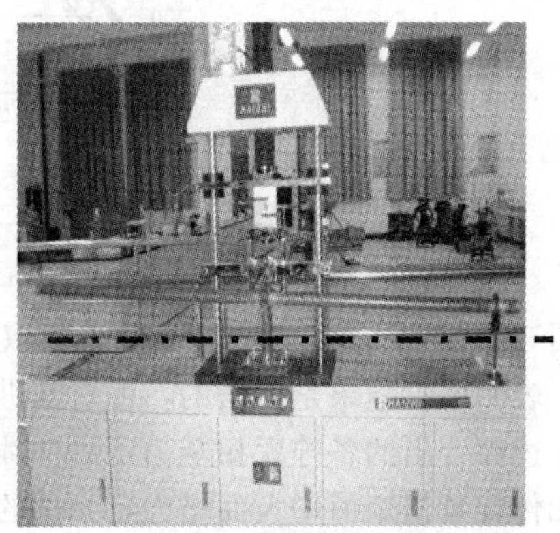

(*d*)

图 3-3 直角扣件抗扭性能试验典型破坏形式

(*a*)扣件螺杆滑丝；(*b*)扣件磨损；(*c*)立杆磨损；(*d*)扣件变形

3.2.3.2 试验结果分析

1. 一次性加载试验曲线

根据扣件拧紧扭矩值的不同，分成 5 组进行一次性加载试验，每组 3 个试件，得出的每条加载试验荷载-位移曲线如图 3-4 所示。并通过最小二乘法原理将三条曲线拟合成一条，用以对参数进行分析和多元非线性拟合。

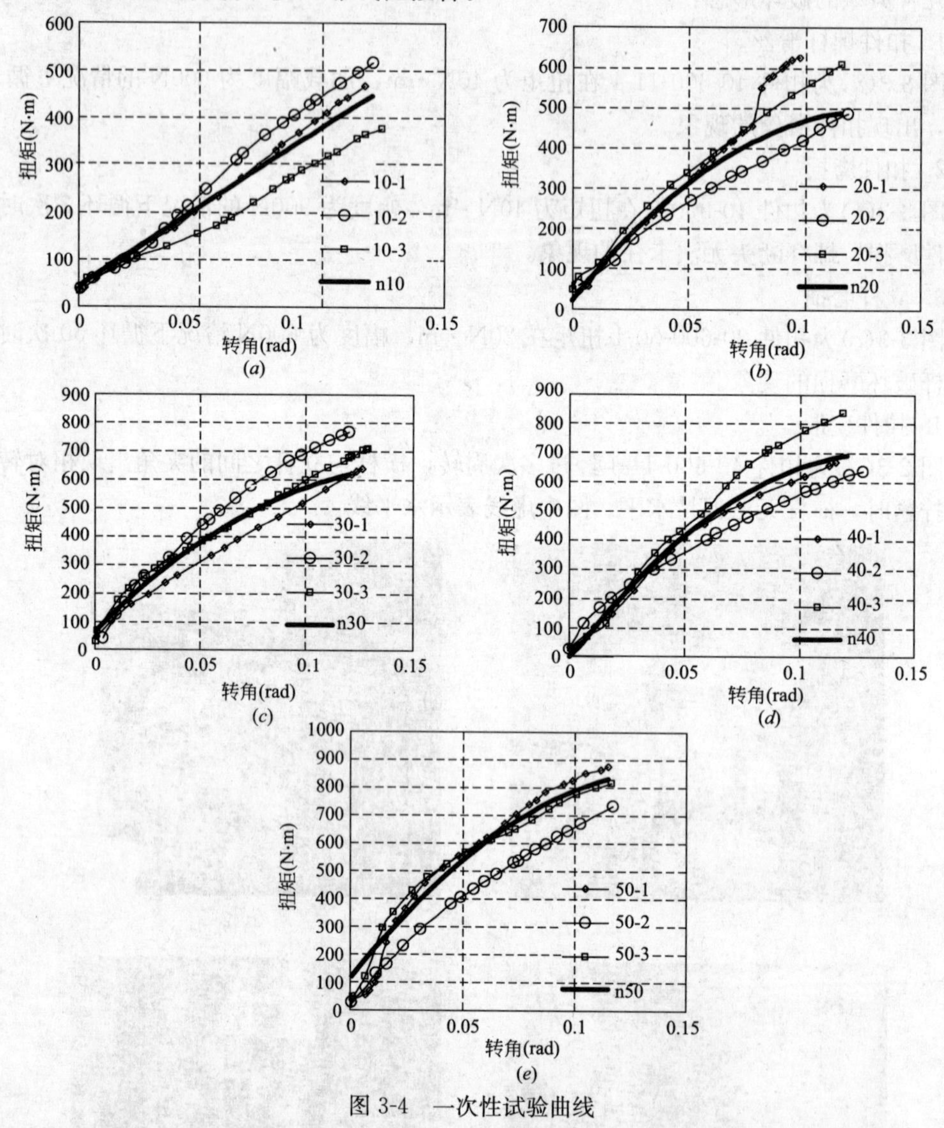

图 3-4 一次性试验曲线

(*a*) T_r=10N・m；(*b*) T_r=20N・m；(*c*) T_r=30N・m；(*d*) T_r=40N・m；(*e*) T_r=50N・m

从图 3-4 中可以看出，各扭矩值参数取值下的 3 个扣件的试验曲线均较为接近，离散性较小，表明试验结果是可信的，可对其进行拟合形成一条参数曲线。

将上述拟合出的各拧紧扭矩值下的曲线进行对比，如图 3-5 所示。从图 3-5 中可以看出：随扣件拧紧扭矩值增大而增大，扣件的抗扭刚度和承载大体上均呈增大的趋势。

2. 周转加载试验曲线

运用单一变化原理，为了对比分析出周转次数和加载水平对直角扣件抗扭刚度的影

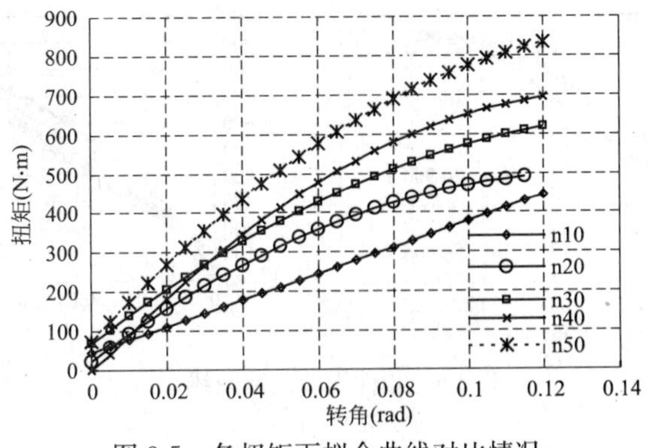

图 3-5　各扭矩下拟合曲线对比情况

响，共进行了 8 组周转性加载试验，每组 2 个扣件试件，得到的各试件的扭矩(T)-转角(θ)关系曲线如图 3-6 所示。

从图 3-6 中可以看出，各试验参数下 2 个扣件的周转试验曲线较为接近，离散性均较小，表明试验结果是可信，可用最小二乘法对其进行拟合成一条参数曲线。

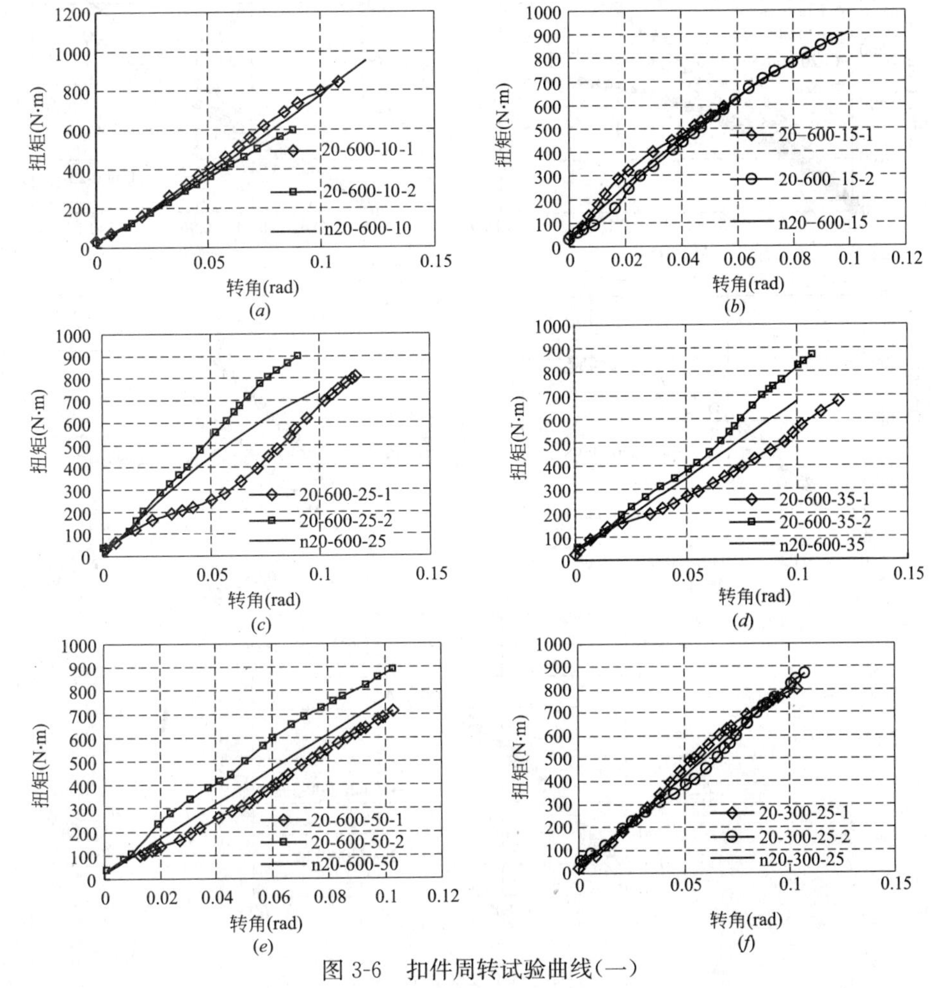

图 3-6　扣件周转试验曲线(一)

(a)20-600-10；(b)20-600-15；(c)20-600-25；(d)20-600-35；(e)20-600-50；(f)20-300-25

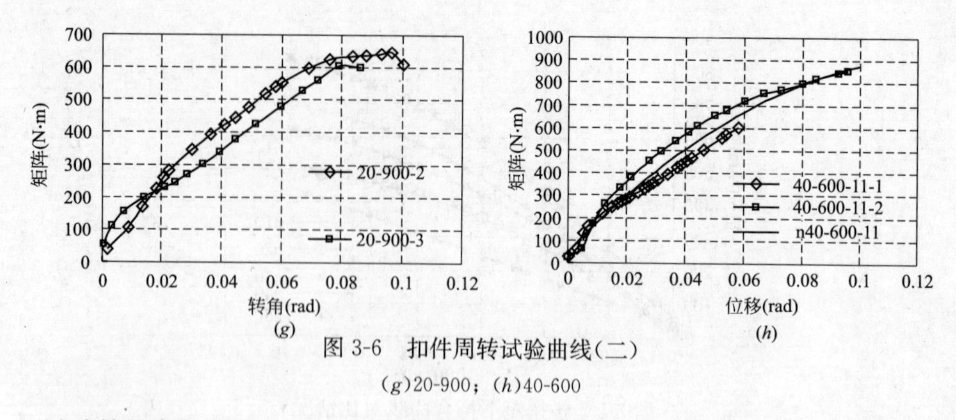

图 3-6　扣件周转试验曲线（二）

(*g*)20-900；(*h*)40-600

3. 试验结果参数分析

为了考察出单个因素对直角扣件抗扭刚度影响，将图 3-6 中得到的参数曲线进行综合对比，如图 3-7 所示。

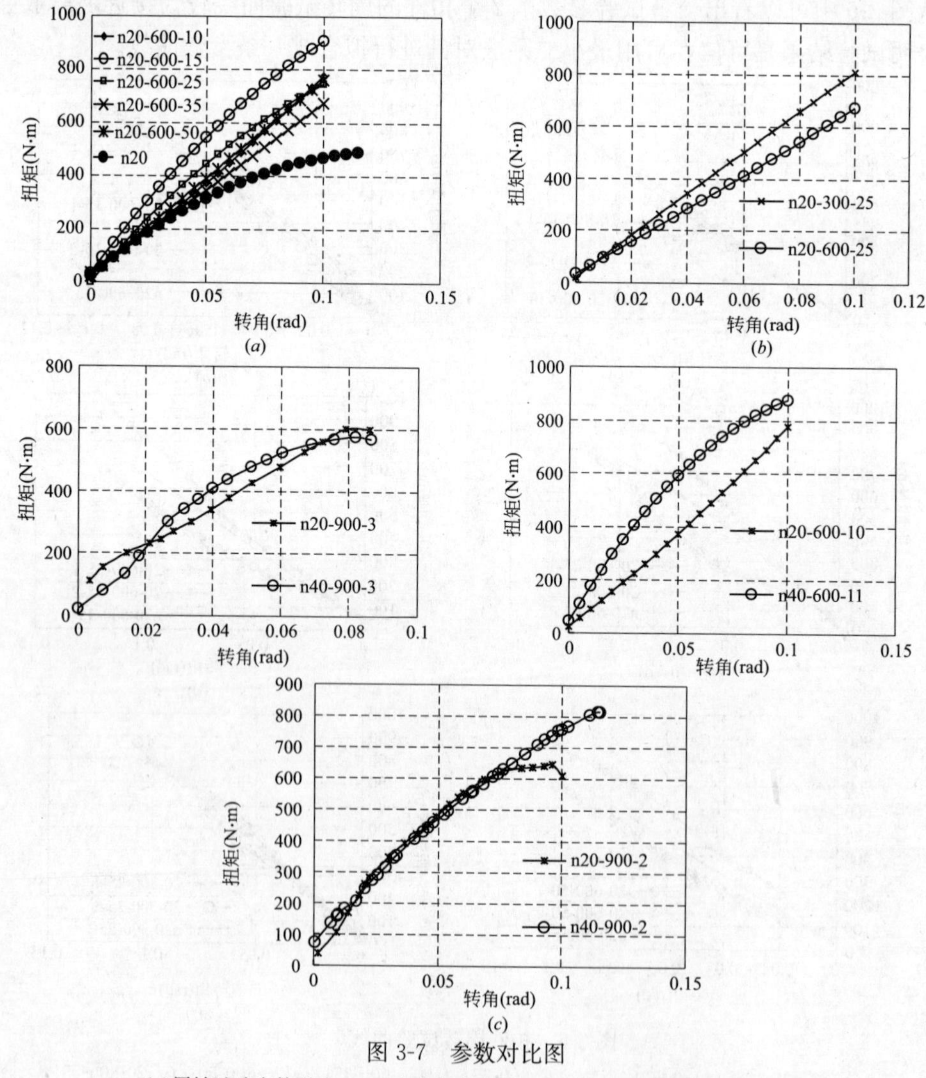

图 3-7　参数对比图

(*a*)周转试验次数影响；(*b*) 应力加载水平影响；(*c*)扣件拧紧扭矩值影响

以上各曲线的对比分析规律说明：

（1）对于周转加载次数的影响

从图 3-7 中可以看出，扣件节点的抗扭刚度随着周转次数的增加呈先增大后减小的趋势，在本文试验的范围内，当周转次数为 15 次时，节点的抗扭刚度达到最大。其原因是：试验刚开始时，扣件与钢管之间由于存在一定的间隙，此时抗扭刚度为扣件本身的抗扭刚度且随着周转次数的增大而减小；当扣件周转达到一定次数后，其与钢管的咬合随着周转次数的增多而更加紧密，扣件与钢管组成的构件的整体性能也更好，此时抗扭刚度为钢管与扣件共同组成的抗扭刚度且随着周转次数的增大而增大。

（2）抗扭刚度基本上随着应力加载水平的增大而减小

当应力水平为 300N 时，由于应力较小，扣件与钢管的咬合程度较低，抗扭刚度基本上为扣件本身的抗扭刚度且随着位移的增大而减小。当应力水平为 600N，由于应力较大，刚开始时，扣件与钢管之间有一定的间隙，此时抗扭刚度为扣件本身的抗扭刚度且随着位移的增大而减小；当扣件达到一定位移后，其与钢管的咬合随着位移的增大而更紧密，扣件与钢管组成的构件的整体性能也更好，此时抗扭刚度为钢管与扣件共同组成的构件的抗扭刚度且随着位移的增大而增大。

（3）对于螺栓拧紧扭矩值的影响

随着螺栓拧紧扭矩的增加，其抗扭刚度大体上呈增长的趋势。

3.2.4 直角扣件抗扭本构关系拟合

3.2.4.1 各影响因素与 y/y_0（y 为施加荷载）的单元回归模型

1. y/y_0 关于 $T/40$ 的函数

考察扣件扭矩值因素对直角扣件抗扭刚度的影响，为计算处理方便，以扣件扭矩值 T_r＝40N・m 为对比基础进行分析，所示横坐标为扭矩值与 40N・m 的比值，y 为各试件的抗扭承载力，y_0 为拧紧扭矩为 40N・m 时试件的抗扭承载力，纵坐标（y/y_0）为同一位移条件下各试件的抗扭承载力与拧紧扭矩为 40N・m 时相应的抗扭承载力的比值。

从对比分析的图 3-8 可以看出，随着扣件拧紧扭矩值比值的增大，同位移条件下，使直角扣件节点发生转动所需的荷载比值也在逐渐增大，呈现单调增加的情形，这说明：随着螺栓拧紧扭矩值的增加，直角扣件抗扭刚度呈单调增长趋势，这与前面的分析结果保持一致，并且符合实际情况，故对扣件扭矩值的单元回归模型的选取基本正确，回归出的单元影响方程可用。

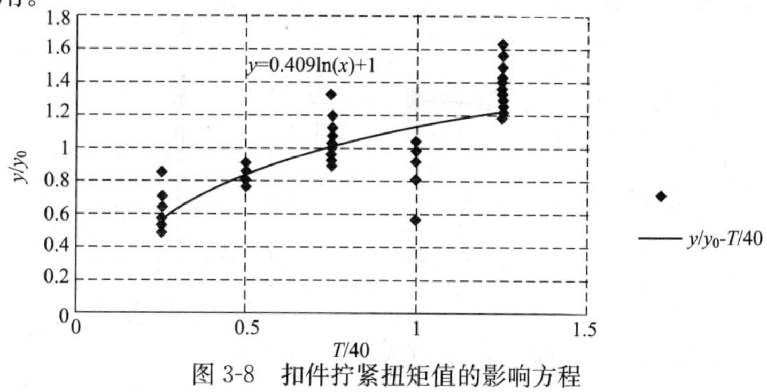

图 3-8　扣件拧紧扭矩值的影响方程

2. y/y_0 关于 $\sigma/600$ 的函数

考察直角扣件抗扭周转试验中应力加载水平因素对直角扣件抗扭刚度的影响，为计算处理方便，取扣件周转加载水平值 $\sigma=600\text{N}\cdot\text{m}$ 为对比基础进行分析，所示横坐标为加载水平与 600 的比值，而纵坐标为同一位移条件下使扣件发生转动所需施加荷载的比值。

由图 3-9 中可以看出，随着周转加载水平比值的增大，同位移条件下，使直角扣件发生转动所需的荷载比值在减小。则可以说明：随着加载水平的增加，其抗扭刚度大体上呈下降的趋势。这与前面数据分析的结果保持一致，符合实际情况，说明应力水平单元回归模型的选取符合要求，拟合出的单元回归方程可用。

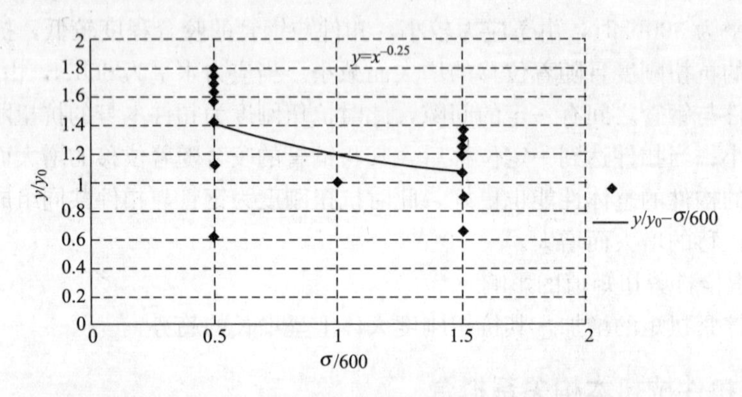

图 3-9　加载水平的影响方程

3. y/y_0 关于 $N/1$ 的函数

考察扣件试验周转次数对直角扣件抗扭刚度的影响，为计算处理方便，取扣件周转次数 $N=1$，即一次性加载试验为对比基础进行分析，横坐标为试验周转次数与 1 的比值，而纵坐标为同一位移条件下使扣件发生转动所需施加荷载值的比值。

由图 3-10 可以看出，随着周转次数比值的增加，同一位移条件下使扣件发生转动所需施加的荷载比值呈先上升后下降的抛物线状，在周转次数比值约为 25 次时达到最大值。这说明扣件的抗扭刚度随着周转次数的增加呈先上升后下降的抛物线状发展，在周转次数为 25 次时达到峰值，从前面对直角扣件周转次数影响的分析中可以看出，这与实际情况的反应一致：刚开始时，扣件与钢管之间有一定的间隙，此时抗扭刚度为扣件本身的抗扭

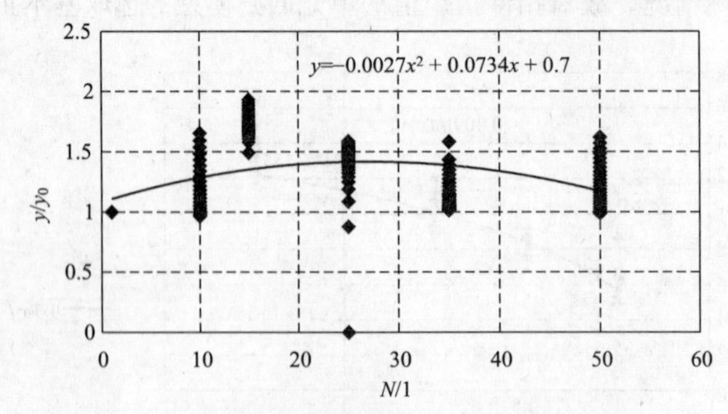

图 3-10　周转次数的影响方程

刚度且随着周转次数的增大而减小；当扣件周转次数达到一定次数后，其与钢管的结合随着周转次数的增多而更加紧密，扣紧与钢管组成的构件的整体性能更好，此时抗扭刚度为钢管与扣件共同组成的构件的抗扭刚度且随着周转次数的增大而增大。说明对周转次数的单元回归模型的选取符合要求，拟合出的单元回归模型可用。

3.2.4.2 直角扣件钢管节点扭矩(T)-转角(θ)本构关系回归

利用 Matlab 软件对实验数据进行回归分析。其中，20-900-2、20-900-3、40-900-2-1、40-900-3-1 均发生破坏，未达到拟定周转次数，不参与回归。得到的直角扣件钢管节点扭矩(T)-转角(θ)的本构关系，如式(3-1)所示。

$$T=(-500\theta^2+11233\theta+39.3522)f(T_r)f(\Delta T)f(N) \tag{3-1}$$

其中

$$f(T_r)=0.409\ln\left(\frac{T_r}{40}\right)+1$$

$$f(\Delta T)=\left(\frac{\Delta T}{600}\right)^{-0.25}$$

$$f(N)=-0.0027N^2+0.0734N+0.7$$

式中

T——扭矩(N·m)；

θ——转角(弧度)；

ΔT——加载幅度(N·m)，$\Delta T\leqslant600$N·m；

T_r——扣件拧紧扭矩(N·m)；

N——周转次数，若 $N\geqslant25$，取值 $N=25$。

3.2.4.3 拟合本构方程验证

图 3-11 为由拟合方程得出的参数曲线与试验曲线进行的对比情况：从图 3-11 中可以看出，除个别曲线末端分叉较大外，其余图形的一致性效果良好，符合直角扣件抗扭性能的实际情况，可以认为通过多元非线性回归出来的直角扣件抗扭本构方程准确可用。

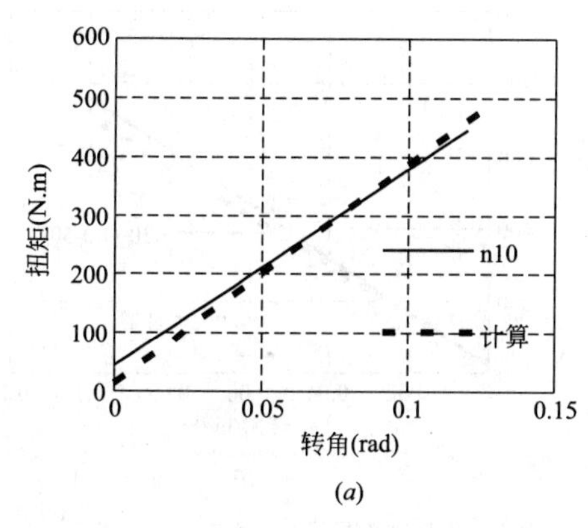

(a)

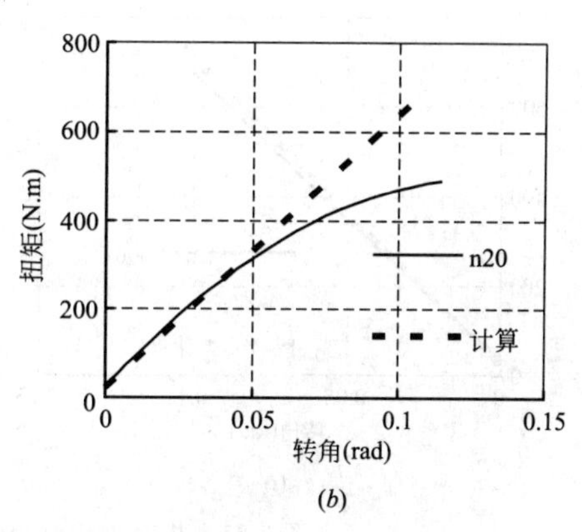

(b)

图 3-11 拟合方程计算结果与试验结果的比较(一)
(a)扭矩 $T_r=10$N·m；(b)扭矩 $T_r=20$N·m

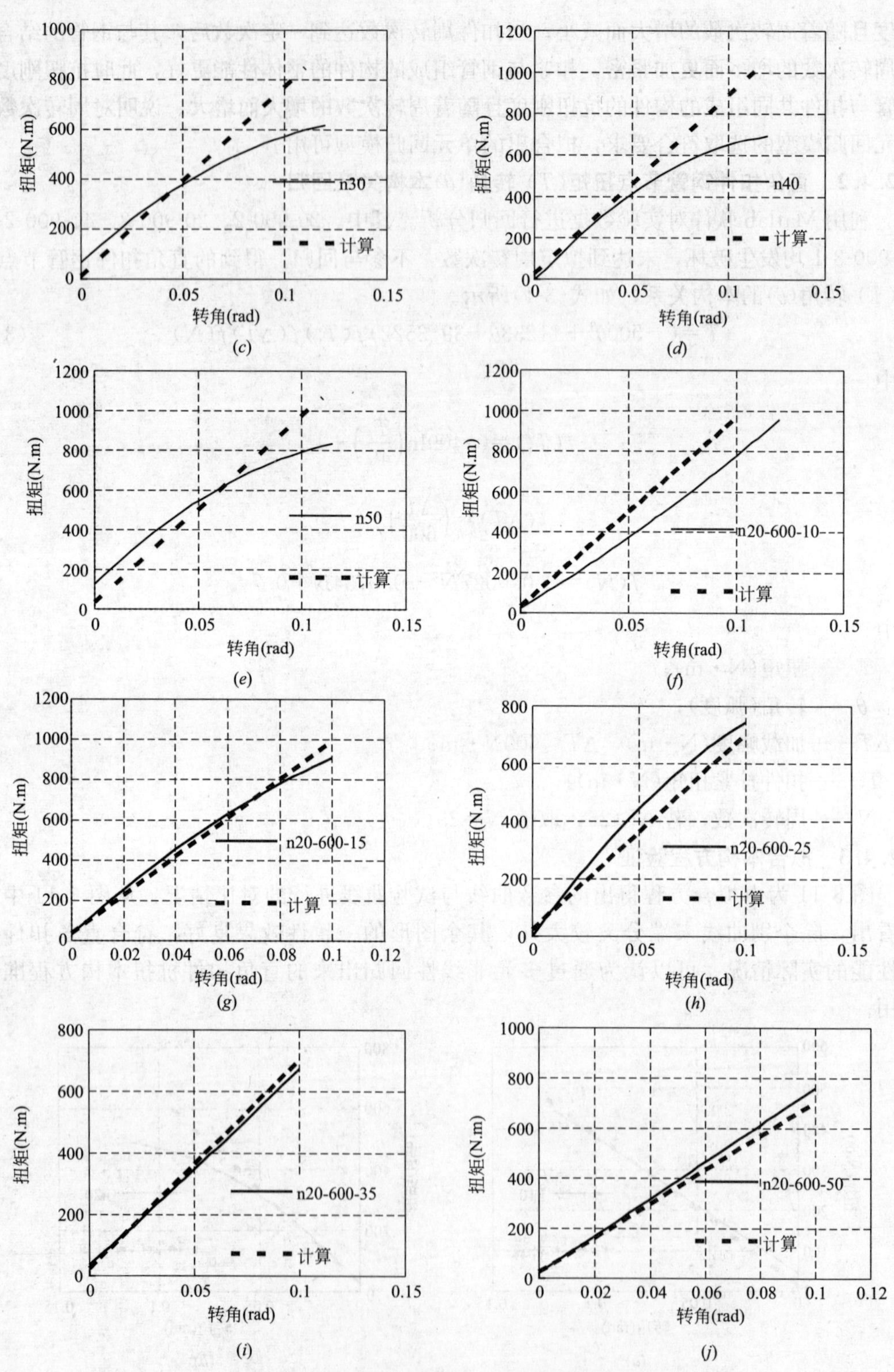

图 3-11　拟合方程计算结果与试验结果的比较(二)

(*c*)扭矩 $T_r=30\text{N}\cdot\text{m}$；(*d*)扭矩 $T_r=40\text{N}\cdot\text{m}$；(*e*)扭矩 $T_r=50\text{N}\cdot\text{m}$；(*f*)20-600-10；
(*g*)20-600-15；(*h*)20-600-25；(*i*)20-600-35；(*j*)20-600-50

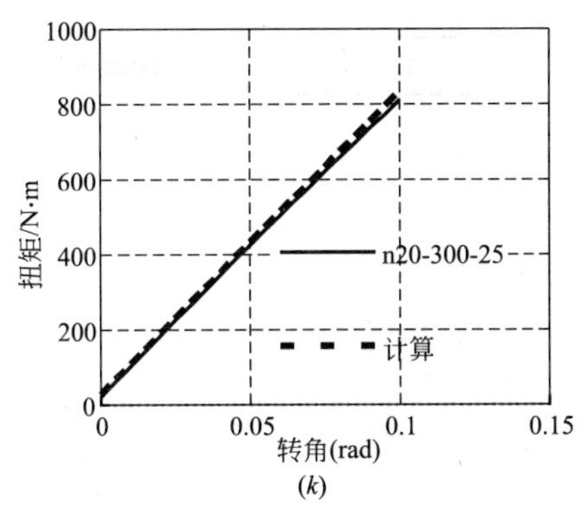

图 3-11　拟合方程计算结果与试验结果的比较(三)

(k)20-300-25

3.3　直角扣件抗滑性能试验

3.3.1　试验方案

直角扣件抗滑性能试验试件参数设置如表 3-2 所示，试验装置如图 3-12 所示。根据扣件试验的构件要求，水平杆长度为 350mm、立杆长度 400mm，试验时将扣件扣在水平杆、立杆居中位置。

直角扣件抗滑性能试验试件参数设置　　表 3-2

序号	构件编号	拧紧扭矩值 $T_r(N)$	加载幅度 $\Delta F(N)$	循环次数 N(次)
1	10-1	10	—	—
2	10-2	10	—	—
3	10-3	10	—	—
4	20-1	20	—	—
5	20-2	20	—	—
6	20-3	20	—	—
7	30-1	30	—	—
8	30-2	30	—	—
9	30-3	30	—	—
10	40-1	40	—	—
11	40-2	40	—	—
12	40-3	40	—	—
13	50-1	50	—	—
14	50-2	50	—	—
15	50-3	50	—	—
16	20-4-25-1	20	4	25
17	20-4-25-2	20	4	25

续表

序号	构件编号	拧紧扭矩值 $T_r(N)$	加载幅度 $\Delta F(N)$	循环次数 N(次)
18	20-8-10-1	20	8	10
19	20-8-10-2	20	8	10
20	20-8-15-1	20	8	15
21	20-8-15-2	20	8	15
22	20-8-25-1	20	8	25
23	20-8-25-2	20	8	25
24	20-8-35-1	20	8	35
25	20-8-35-2	20	8	35
26	20-8-50-1	20	8	50
27	20-8-50-2	20	8	50
28	20-12-25-1	20	12	25
29	20-12-25-2	20	12	25
30	30-8-25-1	40	8	25
31	30-8-25-2	40	8	25
32	40-8-25-1	40	8	25
33	40-8-25-2	40	8	25

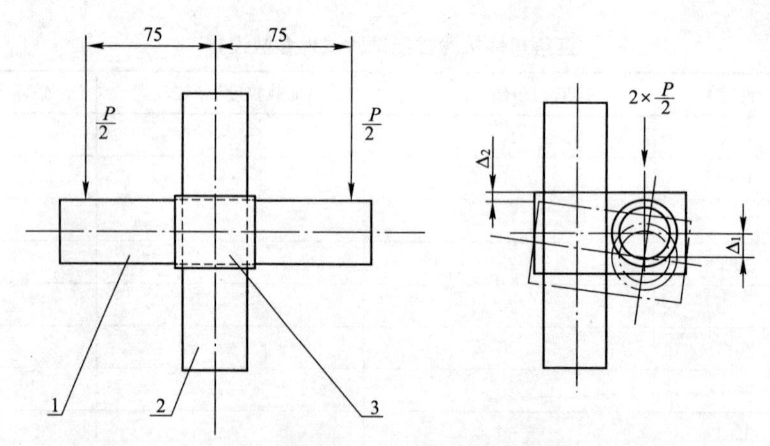

图 3-12 直角扣件抗滑性能试验示意图

1—横管；2—竖管；3—扣件

3.3.2 试验方法

试验时，在横杆的两侧分别同步施加竖向集中力荷载。先预加载 1kN，检验加载装置是否正常，然后卸载。正式加载时，根据脚手架扣件规范规定，将加载速度控制为 350N/s 左右。停止加载的标准为荷载极限值 25kN 或试件发生破坏的两者之一。一次性试验，每个扣件按以上标准直接加载到破坏。周转性加载试验，每个扣件分别按所设定的参数进行循环加载试验，周转试验完成后进行破坏加载实验。例如 20-8-25，扣件扭矩值 T_r＝20N·m，第一次先加载到 8kN，然后把扣件、立杆、横杆都拆卸开来，重新安装拧紧后进行第二次加载到 8kN，这样反复 25 次后，再将扣件、横杆、立杆重新安装好后进行最后破坏加载实验，采集破坏加载过程中试验数据，绘制数据图。本文后面所绘制的周转加载试验曲线，均指扣件经多次周转加载试验后经破坏加载得到的试验曲线。

3.3.3 试验现象与结果分析

3.3.3.1 试验现象

试验过程中，直角扣件抗滑性能试验典型的破坏形式，有以下四种，如图 3-13 所示。

图 3-13 直角扣件典型破坏形式

(*a*)扣件形变；(*b*)螺杆滑丝；(*c*)扣件破坏；(*d*)构件磨损

1. 扣件形变

扣件试验过程中，由于横杆一侧的螺栓的侧向拉力作用，使得扣件发生向外偏离立杆的形变，见图 3-13(*a*)。

2. 螺杆滑丝

两个原因所致：一种是由于循环试验螺杆自身的损耗导致滑丝；另一种是由于螺杆本身强度偏低，当扭力矩达到一定值时，螺杆材料由于强度不够导致滑丝，见图 3-13(*b*)。

3. 扣件破坏

由于加载过程中产生的应力集中，导致扣件产生中间斜向劈裂现象和由于扣件压迫产生的裂缝现象，荷载达到一定程度时扣件脆裂。试验过程中还出现了一种扣件破坏现象，是由于扣件加载过程中螺杆张拉力过大导致螺杆被拉出，扣件上的螺栓孔胀裂，见图 3-13(*c*)。

4. 构件磨损

包括立杆磨损和扣件内外表皮磨损现象，见图 3-13(*d*)。

3.3.3.2 试验结果分析

1. 一次性加载试验曲线

图 3-14 给出了试验得到的竖向荷载-横杆位移曲线，并通过最小二乘法原理将三条曲线拟合成一条参数曲线，以对参数进行分析和多元非线性拟合。试验过程中，当扣件扭矩值 $T_r=50\text{N}\cdot\text{m}$ 时，加载过程中的三个试件均发生了突然脆性断裂，无法完成试验参数设定值，该参数试验数据不参与分析。

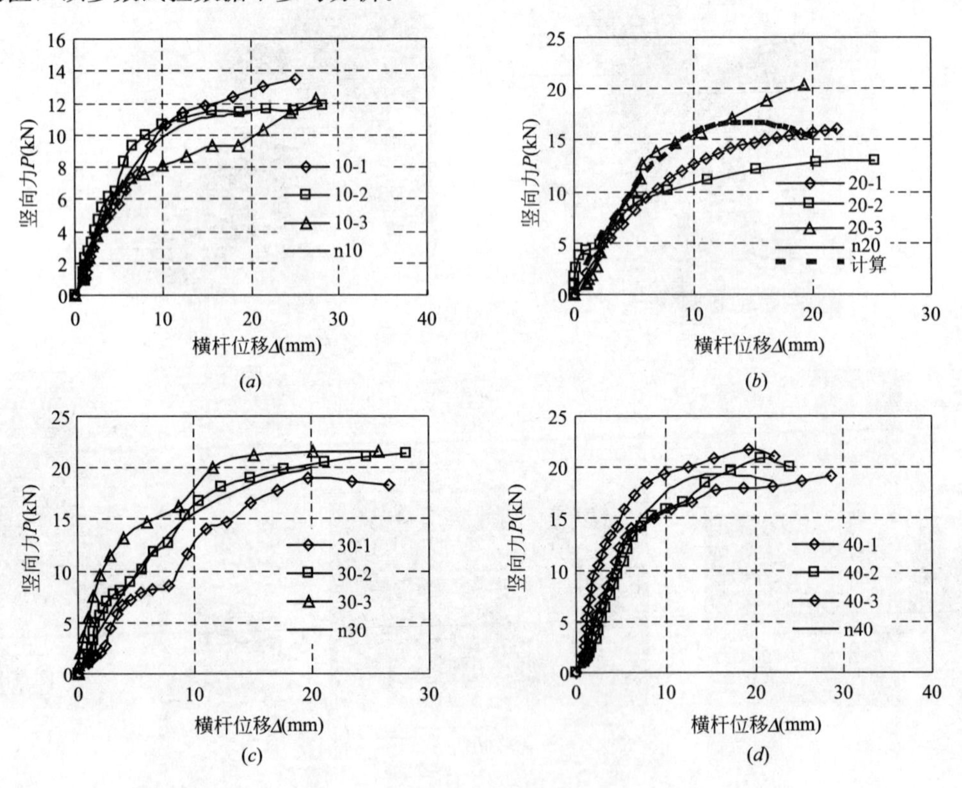

图 3-14 一次性试验曲线

(*a*) $T=10\text{N}\cdot\text{m}$；(*b*) $T=20\text{N}\cdot\text{m}$；(*c*) $T=30\text{N}\cdot\text{m}$；(*d*) $T=40\text{N}\cdot\text{m}$

从图 3-14 中可以看出，各参数下扣件的抗滑试验曲线离散性均较小，可对其各扣件的试验结果采用最小二乘法拟合得出各拟合后的参数曲线。

将各扭矩值扣件的参数曲线进行综合对比，绘成图 3-15，以分析其扭矩值参数对直角扣件抗滑刚度的影响。从图 3-15 中可以清晰看出，直角扣件抗滑刚度随着扭矩值的增大而增大，只在扭矩值为 $T_r = 40N \cdot m$ 时的后期（位移值大于 10mm 后）抗滑刚度略有下降。总体来讲，随着螺栓拧紧时扭矩的增加，其抗扭刚度大体上是增长的。

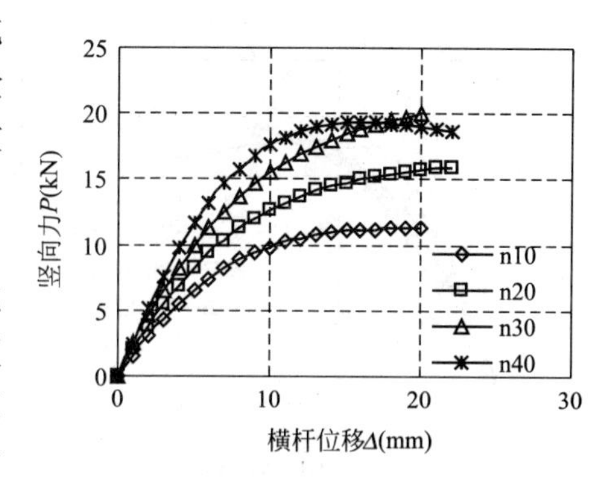

图 3-15　各扭矩值作用下扣件抗滑刚度参数曲线对比

2. 周转试验曲线

根据设置的三个参数的不同，进行 9 组周转性试验，将得出的试验曲线绘成图 3-16 所示。

从图 3-16 可以看出，各组周转性试验得出的曲线的离散性均不大，可对其进行最小二乘法拟合，得出拟合后的各周转试验参数曲线，如图 3-16 中所示。

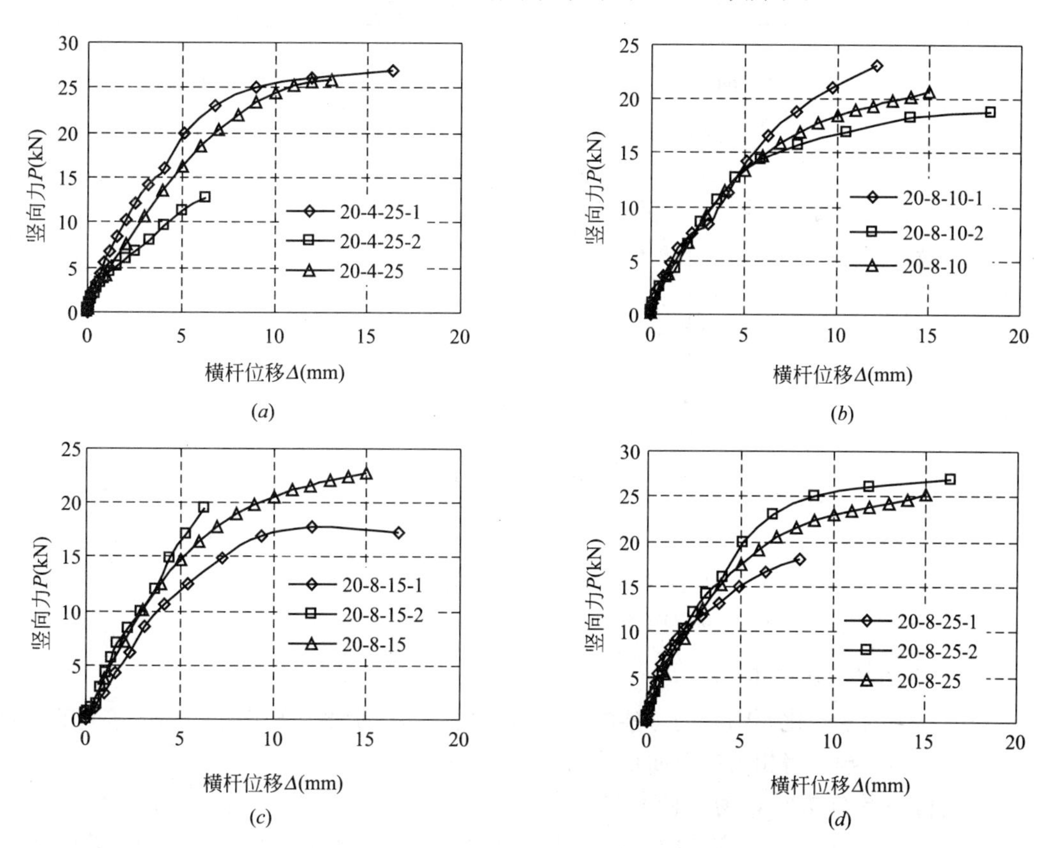

图 3-16　扣件周转试验曲线（一）

(a)20-4-25；(b)20-8-10；(c)20-8-15；(d)20-8-25

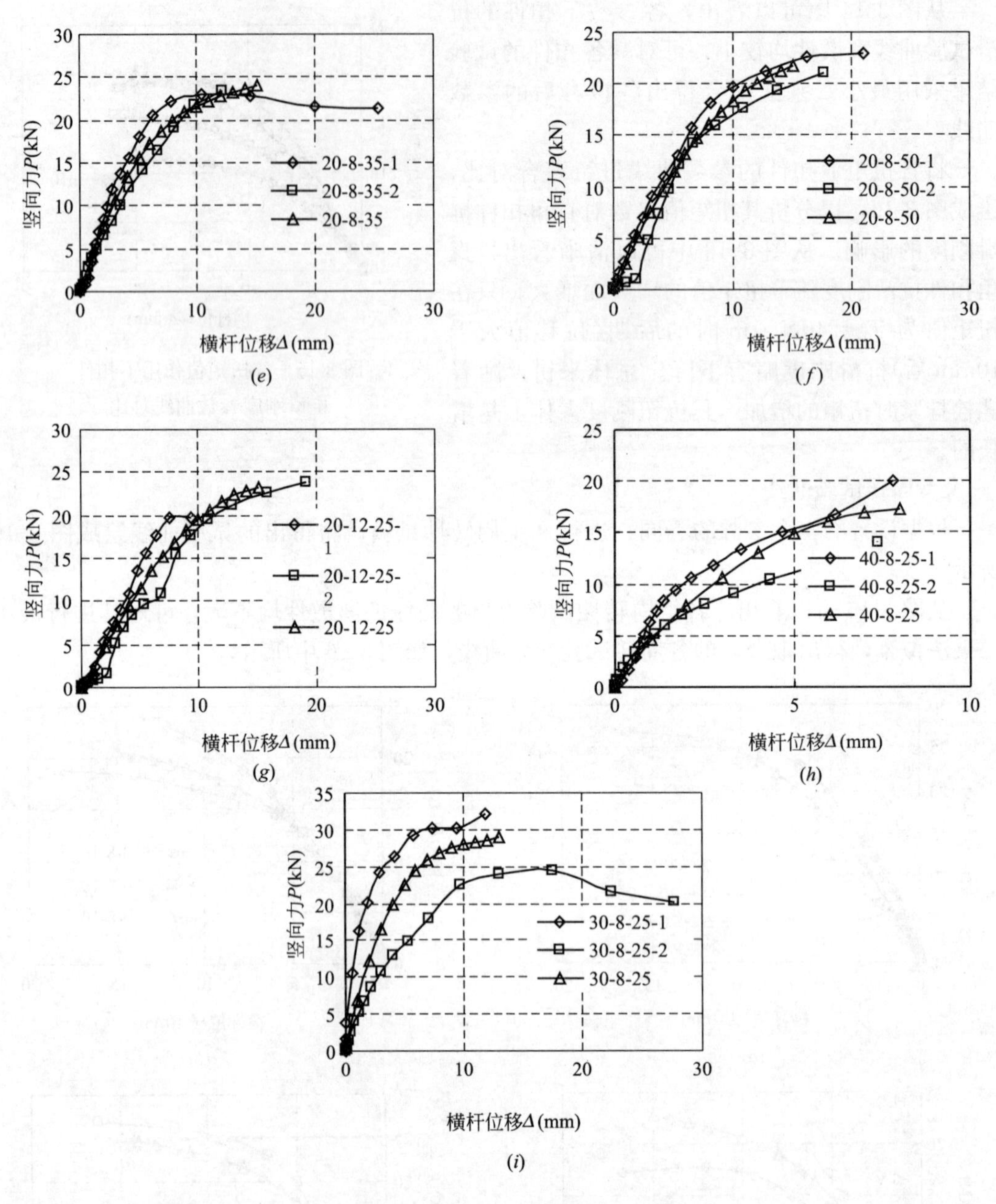

图 3-16　扣件周转试验曲线（二）

(e)20-8-35；(f)20-8-50；(g)20-12-25；(h)40-8-25；(i)30-8-25

3．实验结果参数分析

根据单一因素变化原则，为考察周转试验次数、加载水平和扣件扭矩值分别对直角扣件抗滑刚度的影响，将相关参数曲线分组绘成图 3-17。

在进行参数分析时，为方便各参数之间比较分析，利用拟合后的试验曲线进行对比。同时，表 3-3 给出了初始刚度 E_s 和横杆位移等于 10mm 时所对应的竖向承载力 P_{10}。

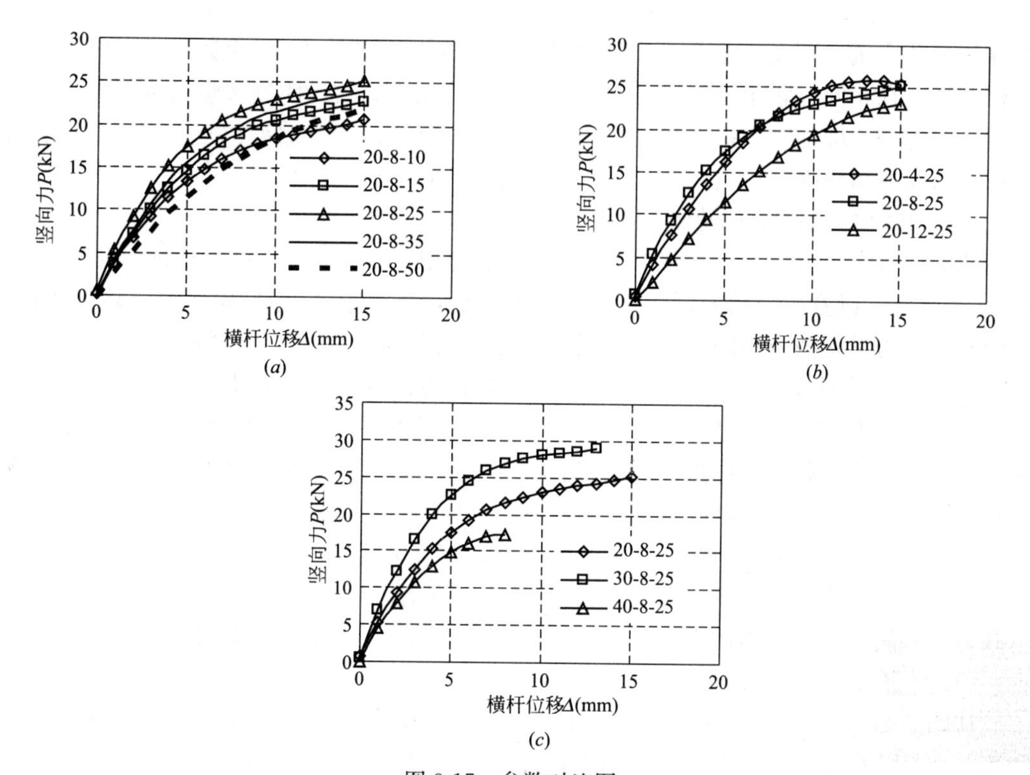

图 3-17 参数对比图

(*a*)周转次数影响；(*b*)加载水平影响；(*c*)扭矩影响

初始刚度 E_s 和抗滑承载力 P_{10} 汇总 表 3-3

组号	试件编号	E_s(kN/mm)	P_{10}(kN)
1	20-4-25	3.8	25
2	20-8-10	3.5	18
3	20-8-15	3.9	21
4	20-8-25	4.6	23
5	20-8-35	4.2	22
6	20-8-50	2.8	18
7	20-12-25	2.1	19
8	30-8-25	6.5	28
9	40-8-25	4.6	17

(1) 周转次数 N 的影响

图 3-17(*a*)给出了周转次数 N 对竖向承载力(P)-滑移(Δ)的影响。结合图 3-17(*a*)和表 3-3 可以看出，随着周转次数的增加，抗滑刚度和竖向承载力呈先增大后减小的趋势，当周转次数 $N=25$ 时，抗滑刚度和承载力均达到最大值。当 $N=25$ 时，抗滑刚度分别比 $N=10$ 和 $N=50$ 时大 31.4%和 64.3%；竖向承载力比 $N=10$ 和 $N=50$ 时大 27.8%。这主要是因为周转次数较少的情况下，由于扣件和钢管涂有油漆，钢管和扣件表面可能存在一些突出的油漆颗粒，在相同拧紧扭矩的情况下，扣件与钢管之间的径向挤压力变小，从

而导致了节点抗滑刚度和竖向承载力的降低；当扣件周转达到一定次数后，突出的油漆颗粒被磨平，在相同拧紧扭矩的情况下，径向挤压力增大，抗滑刚度和竖向承载力增大；在周转次数进一步增加时，扣件和钢管的损伤增大相互之间的摩擦系数变小，抗滑刚度和竖向承载力反而出现降低。

(2) 周转加载幅度 ΔP 的影响

从图 3-17(*b*)给出了周转加载幅度 ΔP 对竖向承载力(P)-滑移(Δ)的影响。结合图 3-17(*b*)和表 3-3 可以看出，随着周转加载幅度的增加，抗滑刚度 E_s 呈先增大后减小的趋势，而竖向承载力呈逐渐减小的趋势。周转加载幅度 ΔP 为 8kN 时，抗滑刚度 E_s 分别比 ΔP 为 4kN 和 12kN 时大 21.1%和 9.5%；周转加载幅度 ΔP 为 4kN 时，竖向承载力分别比 ΔP 为 8kN 和 12kN 大 8.7%和 31.6%。这主要是因为周转加载幅度越大，扣件和立杆的损伤越大，导致承载力下降更快；而初始刚度受扣件和立杆磨合程度的影响较大，加载幅度较小时，扣件与立杆磨合尚未完全，此时径向压力小，初始刚度小。

综合以上 3 个影响因素的分析，并且考虑在施工中《建筑施工扣件式钢管脚手架安全技术规范》(JGJ 130—2011)[43]对扣件拧紧扭矩的要求为 40～65N·m，对单扣件的抗滑承载力的限制为 8kN。因此本文建议在施工中扣件的周转次数以不超过 25 次为宜。

(3) 拧紧扭矩 T_r 的影响

从图 3-17(*c*)给出了拧紧扭矩 T_r 对竖向承载力(P)-滑移(Δ)的影响。结合图 3-17(*c*)和表 3-3 可以看出，竖向承载力 P 和初始抗滑刚度 E_s，当拧紧扭矩 T_r=30N·m 时最大；当 T_r=40N·m 时最小，而且后期刚度降低得更快，在横杆位移为 8mm 时，竖向承载力达到峰值 17kN。T_r=30N·m 时的初始刚度比 T_r=20N·m 和 T_r=40N·m 时增大了 41.3%；而峰值承载力分别比 T_r=20N·m 和 T_r=40N·m 时增大 21.7%和 64.7%。说明扣件拧紧扭矩对抗滑刚度和承载力的影响大体上呈先增大后减小的趋势。扣件拧紧扭矩过小，扣件与立杆之间的径向挤压力小，相互之间的摩擦力也就小，故承载力和刚度小；当扣件拧扭紧扭矩越大，在周转过程中，扣件和立杆之间的磨损较大，相互之间的摩擦系数减小，周转后的刚度和承载力反而减小。

3.3.4 直角扣件抗滑本构关系拟合

3.3.4.1 各影响因素与 y/y_0(y 为施加荷载 F)的单元回归模型

1. y/y_0 关于 $T/40$ 的函数

考察扣件扭矩值因素对直角扣件抗滑刚度的影响，为计算处理方便，以扣件扭矩值 T_r=40N·m 为对比基础进行分析计算。图 3-18 所示横坐标为各试验扣件扭矩值与 40 的比值，而纵坐标为同一位移条件下使扣件发生滑移所需施加荷载的比值。

由图 3-18 可以看出，当扣件扭矩值比值增大时，要使扣件发生同一滑移，对扣件施加的荷载比值呈单调增大趋势。即随着扣件拧紧扭矩值的增加，其抗滑刚度随之增长。图形规律符合实际操作情况，说明该因素单元回归模型的选择合理，拟合出的单元回归方程可用。

2. y/y_0 关于 $\Delta F/8$ 的函数

考察扣件周转试验中加载水平因素对直角扣件抗滑刚度的影响，为计算处理方便，取扣件加载水平值 F=8kN 为对比基础进行分析。图 3-19 所示横坐标为加载水平与 8 的比值，而纵坐标为同一位移条件下为使直角扣件发生滑移所需施加的荷载值的比值。

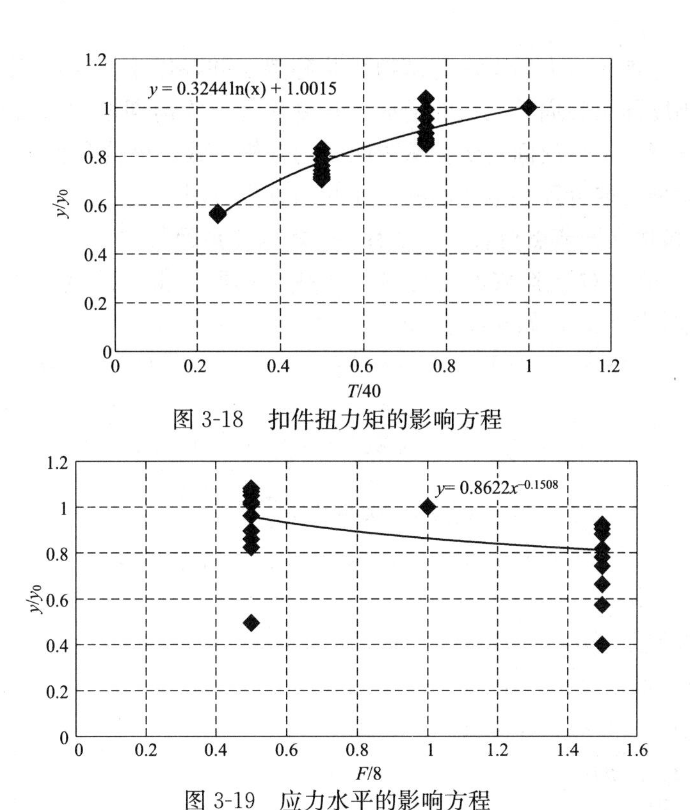

图 3-18 扣件扭力矩的影响方程

图 3-19 应力水平的影响方程

注：一次性试验中，取 $\Delta F=12$ 进行分析。

从图 3-19 可以看出，当周转试验加载水平增大，直角扣件发生同一下滑位移对直角扣件施加的竖向荷载比值呈下降趋势。可见，随着周转试验加载水平的增加，直角扣件抗滑刚度下降。规律符合前面对应力水平参数试验曲线情况，也符合实际操作规律，说明应力水平单元回归模型选取合理，拟合出的单元回归方程可用。

3. y/y_0关于 $N/1$ 的函数

考察扣件试验周转次数对直角扣件抗滑刚度的影响，为计算处理方便，取扣件周转次数 $N=1$，即一次性加载试验为对比基础进行分析。图 3-20 所示横坐标为试验周转次数与 1 的比值，而纵坐标为同一位移条件下使扣件发生滑移所需施加竖向荷载值的比值。

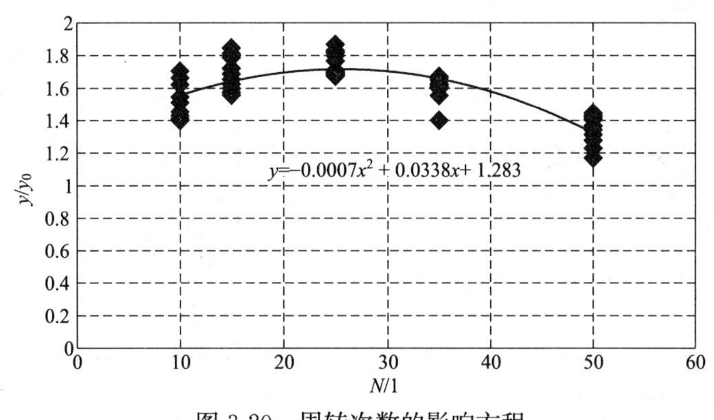

图 3-20 周转次数的影响方程

从图中可以看出，随着扣件试验周转次数的增加，欲使扣件发生同一滑移所需施加的竖向荷载比值，呈现先增大后下降的抛物线状趋势，并在横坐标值约 25 时达到峰值。说明扣件的抗滑刚度随试验周转次数的增加，其变化情况为前期增大随后在约 25 次达到峰值，接着出现下降。这与前面对试验参数曲线的分析一致，也符合实际操作情况，故该因素的单元回归模型选取合理，拟合出的单元回归方程可用。

3.3.4.2　直角扣件钢管节点荷载(F)-位移(X)本构关系回归

利用 Matlab 软件对试验数据进行多元非线性回归。得到的直角扣件钢管节点荷载(F)-位移(X)的本构关系，如式(3-2)所示。

$$F=(0.0022X^3-0.1593X^2+3.2215X+0.2933)f(T_r)f(\Delta T)f(N) \tag{3-2}$$

其中

$$f(T_r)=0.324\ln\left(\frac{T_r}{40}\right)+1.0015$$

$$f(\Delta T)=0.8622\left(\frac{\sigma}{8}\right)^{-0.1508}$$

$$f(N)=-0.0007N^2+0.0338N+1.283$$

式中

F——施加荷载(N)；

X——位移(mm)；

ΔT——加载幅度(kN)，$\Delta T\leqslant 12$kN；

T——扣件拧紧扭矩(N·m)；

N——周转次数。

3.3.4.3　拟合刚度方程验证

为对拟合出的多元非线性回归方程进行验证，将其代入参数后得出的刚度曲线与试验参数曲线进行一一对比，如图 3-21 所示。

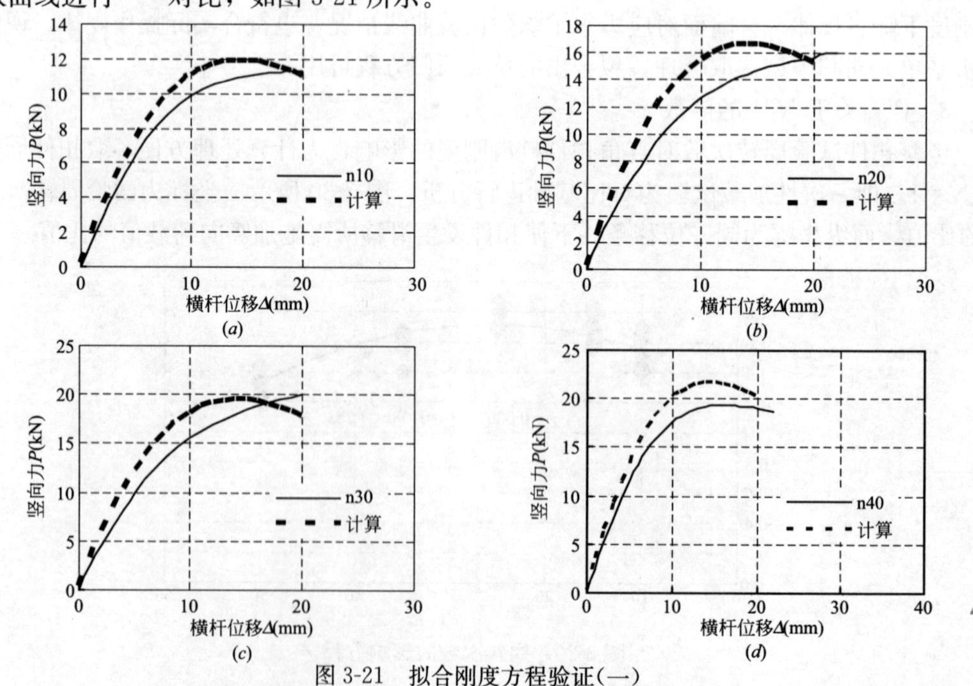

图 3-21　拟合刚度方程验证(一)

(a)拧紧扭矩 $T_r=10$N·m；(b)拧紧扭矩 $T_r=20$N·m；(c)拧紧扭矩 $T_r=30$N·m；(d)拧紧扭矩 $T_r=40$N·m

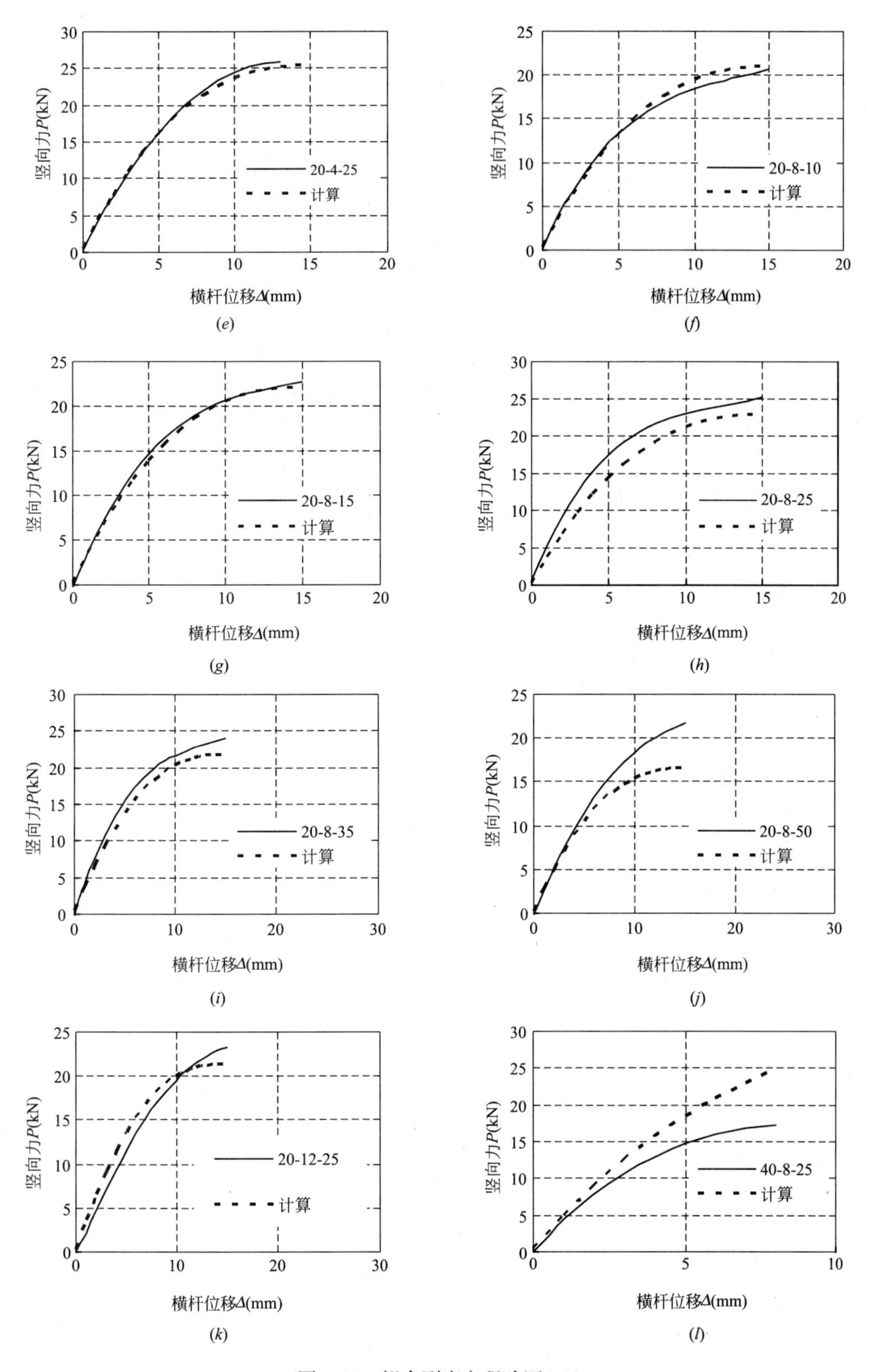

图 3-21　拟合刚度方程验证(二)

(*e*)20-4-25；(*f*)20-8-10；(*g*)20-8-15；(*h*)20-8-25；(*i*)20-8-35；(*j*)20-8-50；(*k*)20-12-25；(*l*)40-8-25

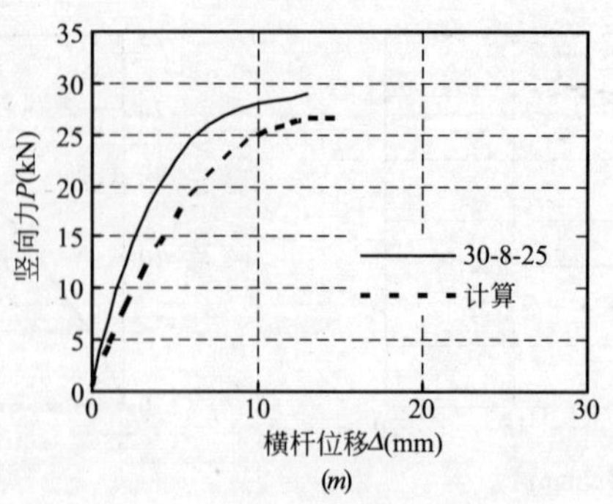

图 3-21　拟合刚度方程验证(三)

(*m*)30-8-25

从图 3-21 中可以看出：各图形的离散型均不大，说明拟合出的本构曲线基本能够真正反映出实际扣件抗滑刚度的情况，拟合出的本构方程可用。

3.4　旋转扣件抗滑性能试验

3.4.1　试验方案

旋转扣件抗滑试验方法和试验装置与直角扣件抗滑试验相同，扣件为旋转扣件。旋转扣件抗滑性能试验试件参数设置如表 3-4 所示。

旋转扣件抗滑性能试验试件参数设置　　**表 3-4**

序号	构件编号	拧紧扭矩值 T(N)	加载幅度 ΔF(kN)	循环次数 N(次)
1	10-1	10	—	—
2	10-2	10	—	—
3	10-3	10	—	—
4	20-1	20	—	—
5	20-2	20	—	—
6	20-3	20	—	—
7	30-1	30	—	—
8	30-2	30	—	—
9	30-3	30	—	—
10	40-1	40	—	—
11	40-2	40	—	—
12	40-3	40	—	—
13	50-1	50	—	—
14	50-2	50	—	—
15	50-3	50	—	—
16	20-4-25-1	20	4	25
17	20-4-25-2	20	4	25

续表

序号	构件编号	拧紧扭矩值 T(N)	加载幅度 ΔF(kN)	循环次数 N(次)
18	20-8-10-1	20	8	10
19	20-8-10-2	20	8	10
20	20-8-15-1	20	8	15
21	20-8-15-2	20	8	15
22	20-8-25-1	20	8	25
23	20-8-25-2	20	8	25
24	20-8-35-1	20	8	35
25	20-8-35-2	20	8	35
26	20-8-50-1	20	8	50
27	20-8-50-2	20	8	50
28	20-12-25-1	20	12	25
29	20-12-25-2	20	12	25
30	30-8-25-1	40	8	25
31	30-8-25-2	40	8	25
32	40-8-25-1	40	8	25
33	40-8-25-2	40	8	25

3.4.2 试验现象与结果分析

3.4.2.1 试验现象

旋转扣件抗滑试验过程，发生的典型的破坏形式，有以下两种，如图 3-22 所示。

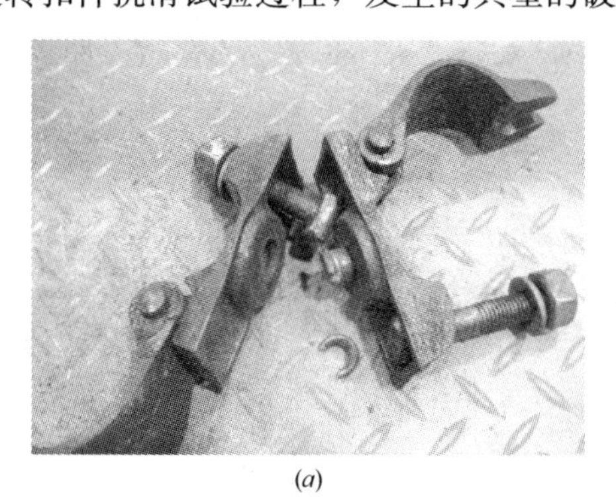

(*a*)

(*b*)

图 3-22 旋转扣件抗滑试验典型破坏形式

(*a*)扣件中轴屈服破坏；(*b*)扣件栓孔断裂

1. 扣件中轴屈服破坏

扣件试验加载过程中，由于横杆的竖向受力使扣件中轴产生轴向拉力作用，在循环试验过程中，由于实验次数的增加，中轴逐渐疲劳，产生屈服破坏，见图 3-22(*a*)。

2. 扣件栓孔断裂

产生此种现象的原因是试验过程中的加载水平过大导致，扣件本身材质较脆，见图 3-22(*b*)。

3.4.2.2　试验结果分析

1. 一次性试验加载曲线

进行一次性加载试验，将采集的各组试验数据绘成图形曲线，如图 3-23 所示。由于各扭矩值参数组的一次性加载试验曲线离散性均不大，可对其分别进行最小二乘法数学拟合，得出各扭矩值的参数曲线。如图 3-23 所示，得出的拟合曲线能较好地反应扣件加载过程的情况。

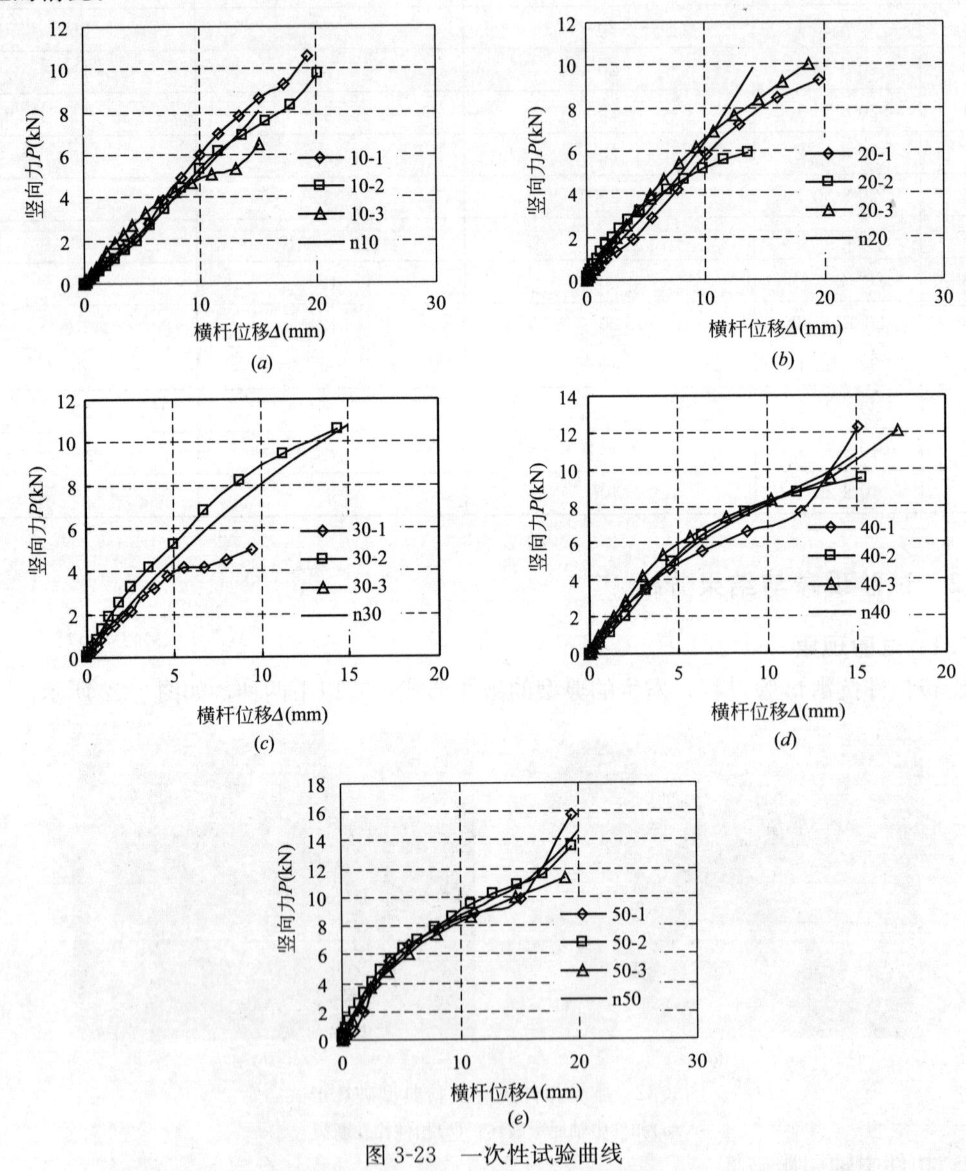

图 3-23　一次性试验曲线

(*a*)T=10N·m；(*b*)T=20N·m；(*c*)T=30N·m；(*d*)T=40N·m；(*e*)T=50N·m

考察一次性加载试验中，各参数设定扭矩值的不同对旋转扣件的抗滑刚度的影响，将图 3-23 中得出的各扭矩值参数拟合曲线进行综合对比，如图 3-24 所示。

从图 3-24 中可以看出，随着扣件扭矩值的增大，旋转扣件的抗滑刚度呈增大趋势，即旋转扣件的抗滑刚度随扣件拧紧扭矩值的增加而增大。

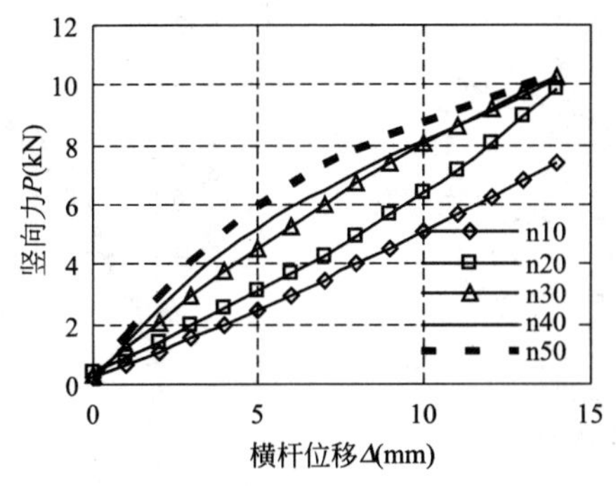

图 3-24　各扭矩下拟合曲线对比情况

2. 周转试验加载曲线

对扣件进行周转性加载试验，将周转试验得到的 8 组试验数据绘制成曲线(20-12-25 无法完成周转实验，故不参与分析)，如图 3-25 所示。

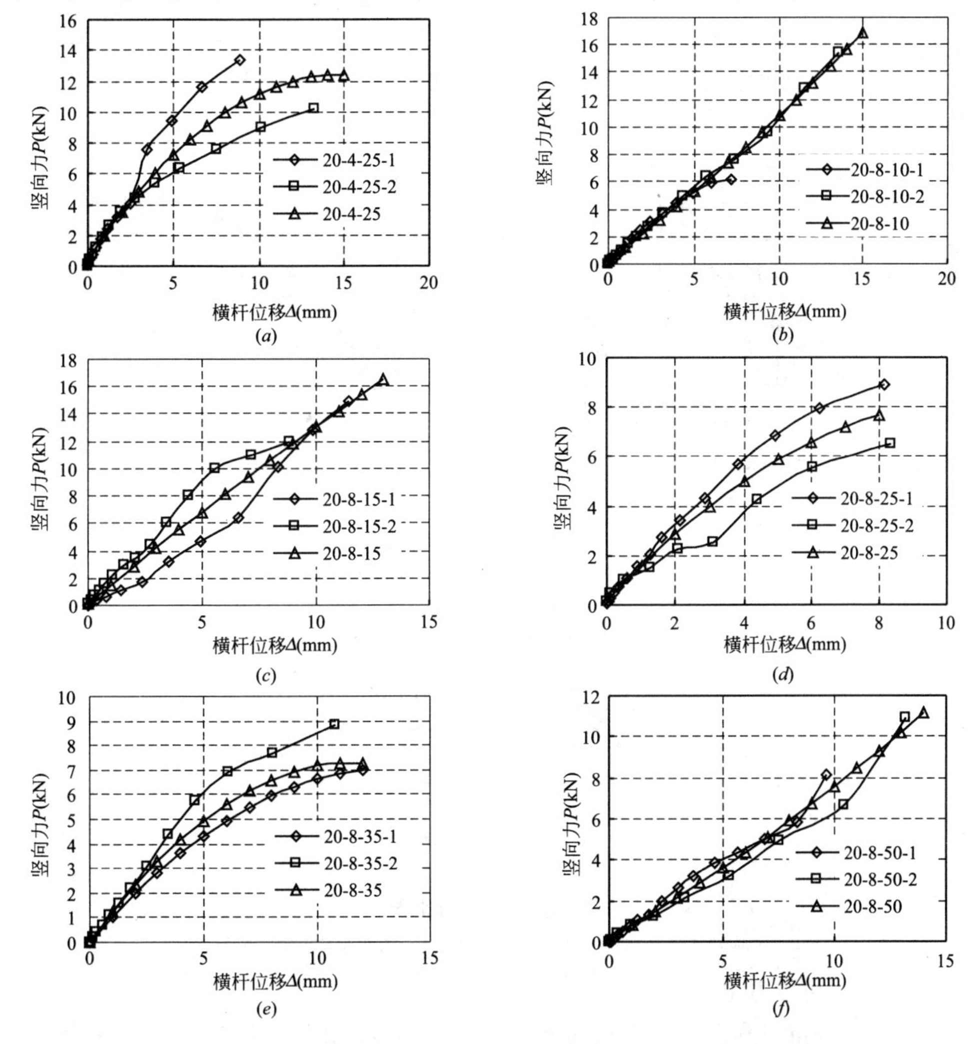

图 3-25　扣件周转试验曲线(一)

(*a*)20-4-25；(*b*)20-8-10；(*c*)20-8-15；(*d*)20-8-25；(*e*)20-8-35；(*f*)20-8-50

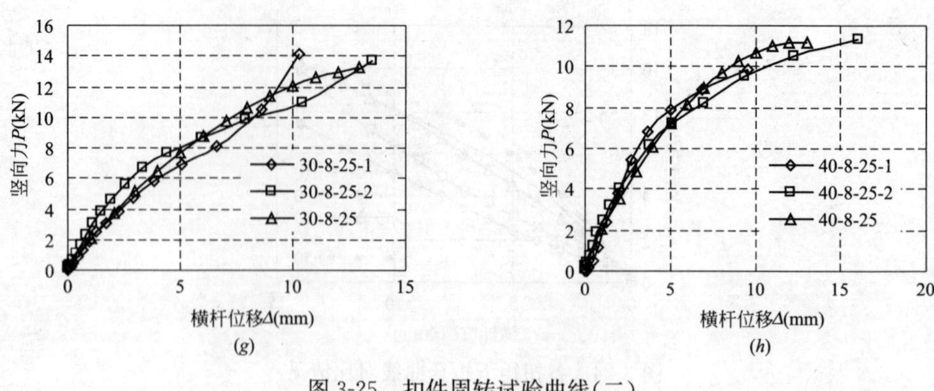

图 3-25 扣件周转试验曲线（二）

(*g*)30-8-25；(*h*)40-8-25

由于各组周转试验曲线的离散型均不大，可对其进行最小二乘法拟合，得出各组周转试验的参数曲线。从图 3-25 中可以看出，得出的参数能够较好地反应扣件试验加载过程的情况。

利用单一因素变化原则，对各因素影响扣件抗滑刚度的情况进行逐一分析，将各因素参数曲线绘成图 3-26。

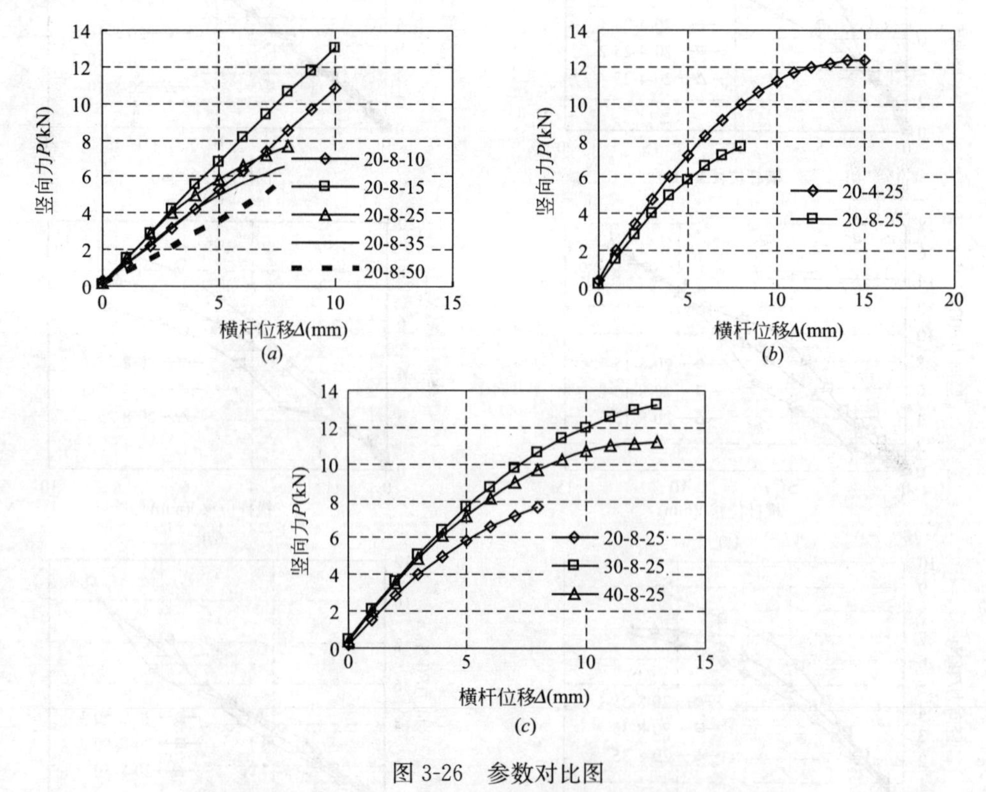

图 3-26 参数对比图

(*a*)周转次数影响；(*b*)加载水平影响；(*c*)扣件拧紧扭矩值影响

从图 3-26 中可以看出：

(1) 旋转扣件抗滑刚度的变化随周转次数的变化为：在周转次数逐渐加到 25 次的时候，扣件抗滑刚度值随周转次数的增加而增大，随后随着周转次数的增加抗滑刚度逐渐降低，纵观整个变化过程，抗滑刚度在周转次数约为 25 次时达到峰值。

（2）旋转扣件抗滑刚度变化为随着应力水平的增大而减小。

（3）随着扣件拧紧扭矩值的增加，其抗滑刚度大体上呈增长的趋势。

以上旋转扣件的抗滑刚度情况符合实际操作。

3.4.3 旋转扣件抗滑本构关系拟合

3.4.3.1 各影响因素与 y/y_0（y 为施加荷载 F）的单元回归模型

1. y/y_0 关于 $T/40$ 的函数

考察扣件扭矩值因素的大小对旋转扣件抗滑刚度的影响，为计算处理方便，以扣件扭矩值 $T_r=40\text{N}\cdot\text{m}$ 的扣件试验曲线为对比基础进行分析，图 2-27 中所示横坐标为扭矩值与 40 的比值，而纵坐标为同一位移条件下使扣件发生滑移所需施加荷载值的比值。

从图 3-27 中可以看出，随着扣件拧紧扭矩值比值的增大，使旋转扣件节点发生相同滑移所需的荷载比值在逐渐增大，呈现单调增加的情形。说明：随着扣件拧紧扭矩值的增加，旋转扣件抗滑刚度呈增长的趋势。符合前面试验数据分析中该参数的影响规律，说明该单元回归模型选取合理，拟合出的刚度方程符合扣件的抗滑规律。

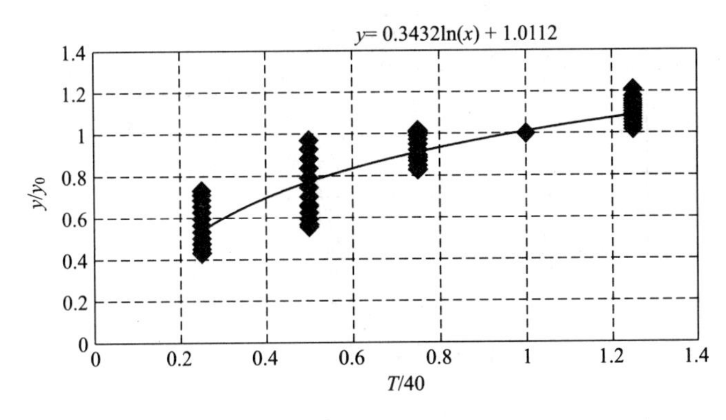

图 3-27 扭力矩的影响方程

2. y/y_0 关于 $\Delta F/8$ 的函数

考察扣件周转试验中加载水平因素对旋转扣件抗滑刚度的影响，为计算处理方便，取扣件周转加载水平值 $\Delta F=8\text{kN}$ 的试验曲线为对比基础进行分析，图 3-28 中所示横坐标为加载水平与 8 的比值，而纵坐标为同一位移条件下使旋转扣件发生滑移所需施加荷载值的比值。

试验过程中，当加载水平为 12kN 时，扣件一般只能周转若干次，达不到指定参数设定值 25 次，对其抗滑刚度取值 0.5 较为合理。一次性试验中，取 $\Delta F=12$。

从图 3-28 中可以看出：随着加载水平比值的增大，欲使旋转扣件发生同滑移所需施加的荷载比值在减小，即可以说明：随着加载水平的增加，扣件抗滑刚度呈下降的趋势。该规律符合前面对扣件应力水平分析的变化规律，说明该单元回归模型选取合理，拟合出的刚度方程符合实际可用。

3. y/y_0 关于 $N/1$ 的函数

考察扣件试验周转次数对旋转扣件抗滑刚度的影响，为计算处理方便，取扣件周转次

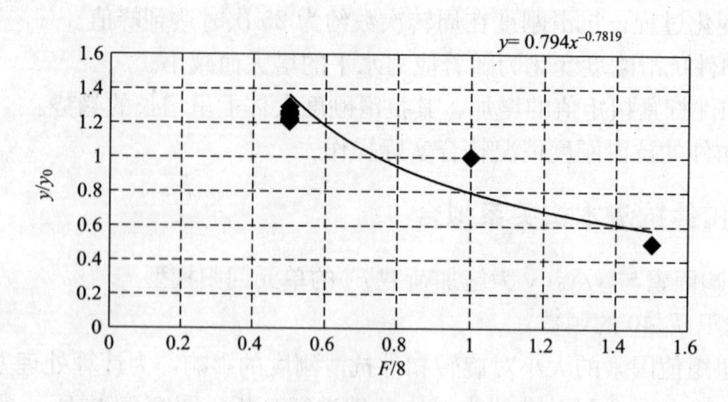

图 3-28 应力水平的影响方程

数 $N=1$，即一次性加载试验为对比基础进行分析。图 3-29 中所示横坐标为试验周转次数与 1 的比值，而纵坐标为同一位移条件下使扣件发生滑移所需施加的荷载值比值。

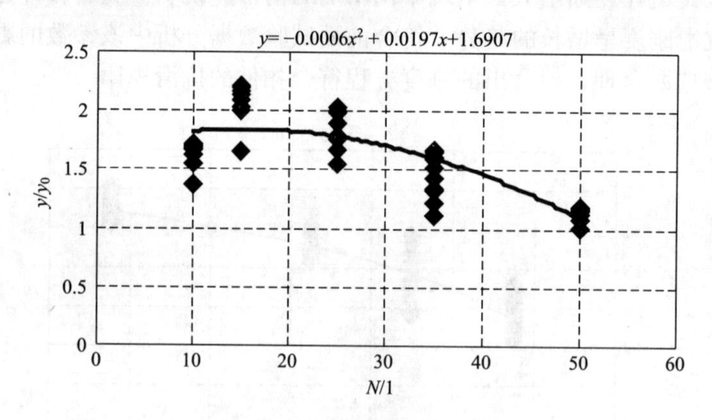

图 3-29 周转次数的影响方程

从图 3-29 中可以看出：随着扣件周转次数的增加，在同位移条件下，需要施加的荷载呈前期基本不变，而后下降的变化。即在周转试验中，旋转扣件的抗滑刚度先持平后下降，在周转次数约为 20 次的时达到最大值。基本符合前面对试验数据分析的规律结果。

3.4.3.2 直角扣件钢管节点荷载(F)-位移(X)本构关系回归

利用 matlab 软件对文中的试验数据进行多元非线性回归，得到的旋转扣件钢管节点荷载(F)-位移(X)的本构关系，如式(3-3)所示。

$$F=(-0.0009X^3-0.0105X^2+0.9855X+0.3075)f(T_r)f(\Delta T)f(N) \tag{3-3}$$

其中

$$f(T_r)=0.3432\ln\left(\frac{T_r}{40}\right)+1.0112$$

$$f(\Delta F)=0.794\left(\frac{\Delta F}{8}\right)^{-0.7819}$$

$$f(N)=-0.0006N^2+0.0197N+1.6907$$

式中

F——施加荷载(N)；

X——位移(mm)；

ΔF——加载幅度(kN)，$\Delta F \leqslant 12$kN；

T_r——扣件拧紧扭矩(N·m)；

N——周转次数。

3.4.3.3 拟合刚度方程验证

为了验证得出的刚度方程与实际情况的对比，将多元非线性拟合出的旋转扣件抗滑刚度方程曲线与试验曲线进行逐一对比，如图 3-30 所示。

从图中可以看出：各试验曲线与拟合曲线的一致性较好，说明拟合出的刚度方程基本符合扣件的实际情况，拟合出的刚度方程正确可用。

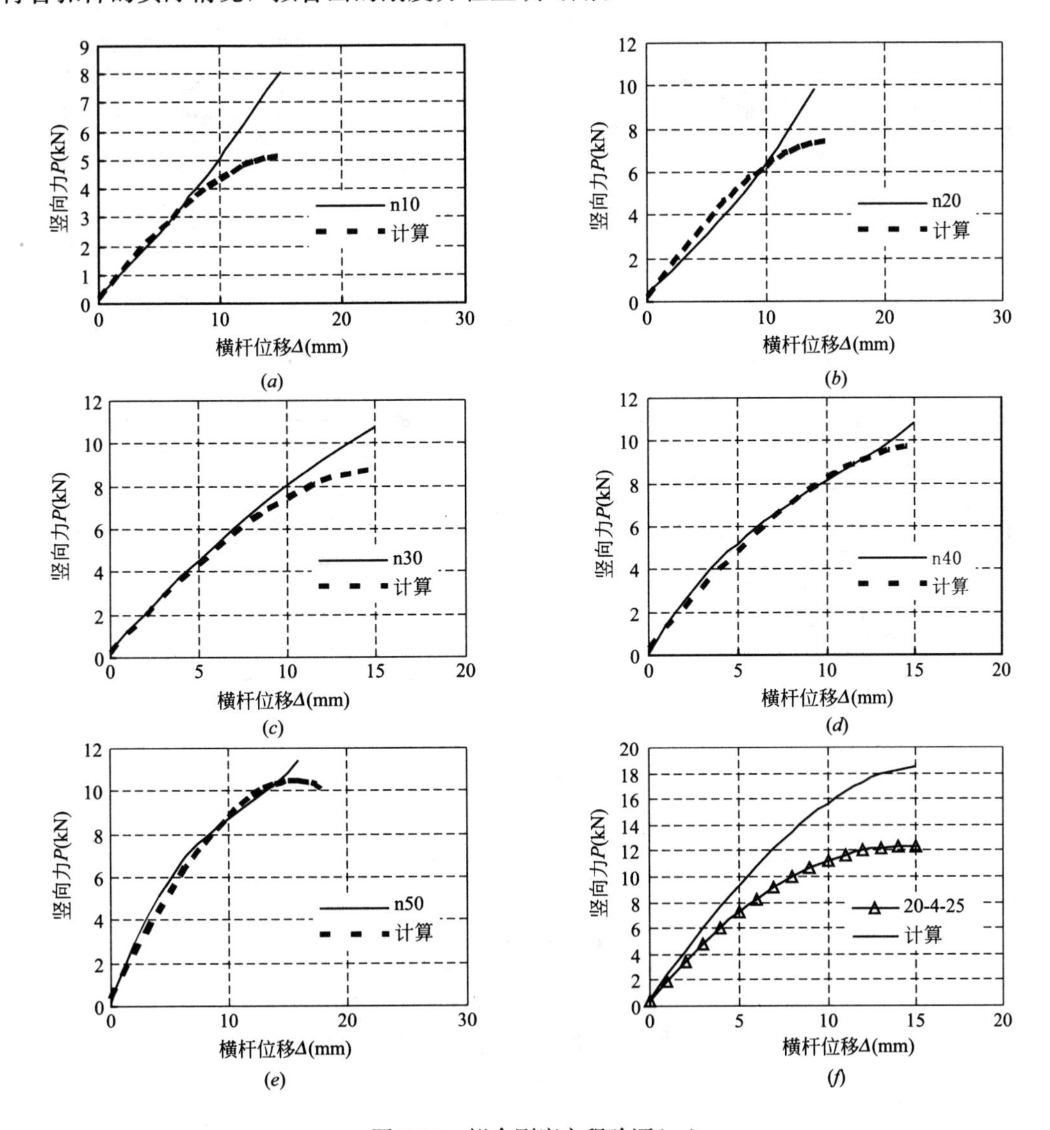

图 3-30　拟合刚度方程验证(一)

(a)扭矩 T_r=10N·m；(b)扭矩 T_r=20N·m；(c)扭矩 T_r=30N·m；(d)扭矩 T_r=40N·m；(e)扭矩 T_r=50N·m；(f)20-4-25

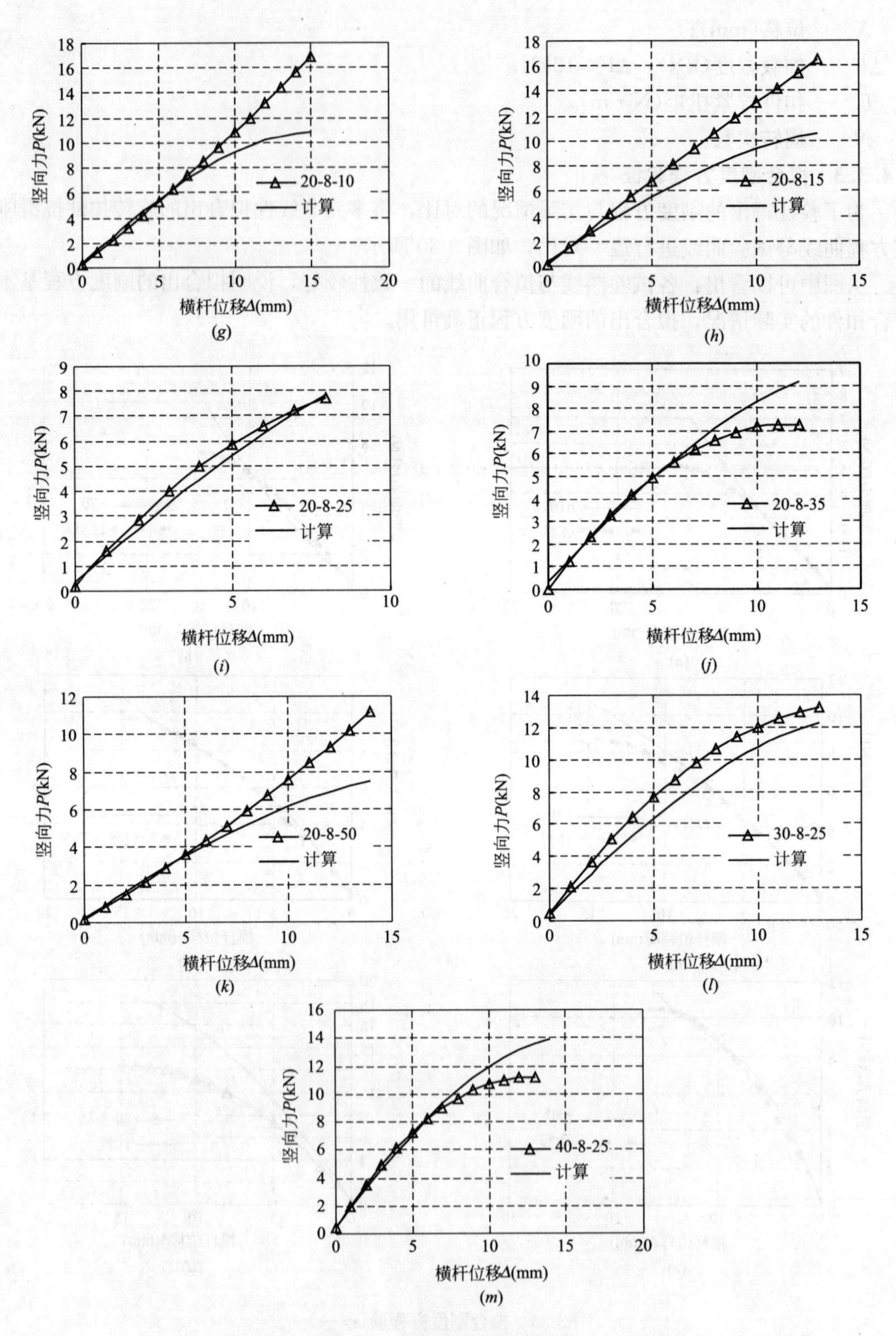

图 3-30 拟合刚度方程验证(二)

(*g*)20-8-10；(*h*)20-8-15；(*i*)20-8-25；(*j*)20-8-35；(*k*)20-8-50；(*l*)30-8-25；(*m*)40-8-25

3.5 本章小结

本章进行了三种扣件性能的试验研究，即直角扣件抗滑性能、直角扣件抗扭性能和旋转扣件的抗滑性能试验，各试验扣件的破坏形态主要有扣件脆裂、螺栓孔胀裂、螺杆滑丝等。试验结果也表明，扣件拧紧扭矩大小、周转次数、周转加载幅度对扣件节点的性能有着重要的影响。在对各参数曲线进行单因素回归方程的基础上，综合各单因素的影响，采用多元非线性回归出直角扣件抗滑性能、直角扣件抗扭性能、旋转扣件的抗滑性能的本构关系方程，为基础模板支撑体系的有限元模拟提供基础。

1. 直角扣件抗滑性能试验小结

(1) 扣件拧紧扭矩对抗滑刚度和承载力的影响，大体上呈先增大后减小的趋势。在本文的试验中，当拧紧扭矩为 30N·m时，周转后扣件的抗滑刚度和承载力均较高。

(2) 随着周转次数的增加，抗滑刚度和竖向承载力呈先增大后减小的趋势。在本文的试验中，当周转次数为 25 次时，扣件的抗滑性能最好。

(3) 随着周转加载幅度的增加，抗滑刚度呈先增大后减小的趋势，而竖向承载力呈逐渐减小的趋势。在本文的试验中，当周转加载幅度为 8kN 时，扣件的抗滑刚度最大。

2. 直角扣件抗扭性能试验小结

(1) 随着扣件拧紧扭矩的增大，在一次性破坏试验下扣件钢管节点的抗扭刚度也随之增大，但是在多次周转试验下，其刚度增加的幅度则不如一次性破坏试验时明显，而且其影响随周转加载幅度的增大，其刚度增加的幅度也越来越小。

(2) 周转次数对扣件的节点抗扭刚度影响较大，试验表明周转次数为 15 次时，其抗扭刚度达到最大，周转次数超过 35 次时，抗扭刚度趋于恒定。

(3) 周转加载幅度越大，则其节点的抗扭刚度下降愈快。

3. 旋转扣件抗滑性能试验小结

(1) 随着扣件拧紧扭矩值的增加，其抗滑刚度大体上呈增长的趋势。

(2) 随着周转次数的增加，抗滑刚度和竖向承载力呈先增大，后减小的趋势；在本文的试验中，当周转次数为 25 次时，扣件的抗滑性能最好。

(3) 旋转扣件抗滑刚度变化随着应力水平的增大而减小

综合以上三种试验的结果，同时工程上也较难界定扣件的周转次数及周转加载幅度等因素，针对扣件式钢管模板支撑体系在施工中的使用提出以下建议：

(1) 对于新扣件，应特别加强其拧紧扭矩的检查，确保达到规范规定的要求 40～65N·m，尽量减少扣件与钢管之间的空隙。

(2) 建议在施工中扣件的周转次数以不超过 25 次为宜，螺杆往往是整个扣件的薄弱环节，应经常检查并更换。

(3) 在施工中要确保扣件的壁厚，避免扣件脆裂。

第 4 章　模板支撑整体性能试验

4.1　整体单元试验

在施工现场，由于施工上的误差，模板表面平整度存在一定的误差，各立杆的顶部也存在一定的高差，这也将使各立杆的受力存在一定的区别，导致各立杆内力更加不均匀。因此，采取室内的堆载试验，探讨立杆顶部高差对立杆内力分布的影响。试验参数主要考虑面板刚度和立杆顶部高差。面板刚度，通过 18mm 厚的胶合板和 12mm 厚 GMT 模板来考虑；立杆顶部高差分别考虑，高差 0mm、2mm、4mm 的情况。室内试验试件如表 4-1 所示。

室内试验试件　　表 4-1

序号	编号	立杆高差(mm)	面板形式
1	JB-0	0	胶合板
2	JB-2	2	胶合板
3	JB-4	4	胶合板
4	GMT-0	0	GMT 模板
5	GMT-2	2	GMT 模板
6	GMT-4	4	GMT 模板

4.1.1　试验方法

为避免其他因素的影响，如立杆的垂直、初始挠度等影响，仅搭设一个步距进行试验，以一块 GMT 模板的标准尺寸(600mm×1800mm)进行搭设，搭设尺寸和示意如图 4-1 所示。

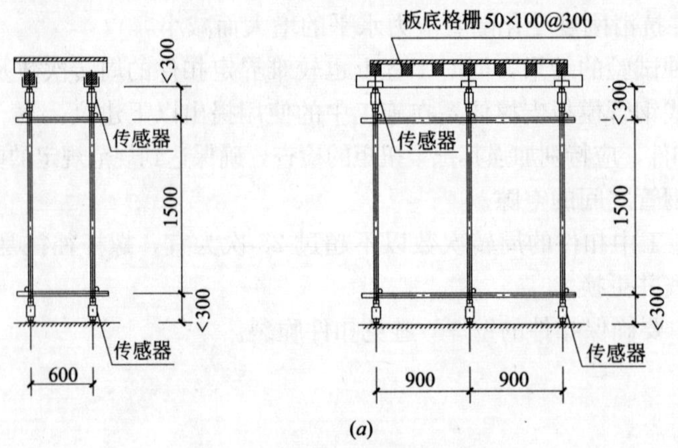

图 4-1　室内整体试验情况图(一)

(a)室内整体试验示意图

(b)

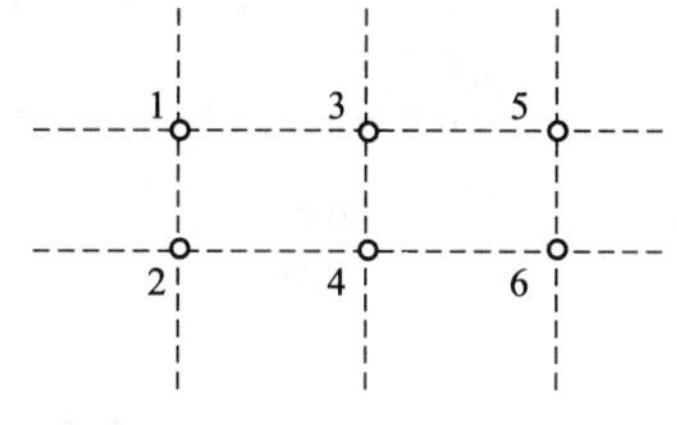

(c)

图 4-1　室内整体试验情况图(二)

(b)室内整体试验现场试验图；(c)室内整体试验立杆平面布置图

加载采用标准红砖(240mm×115mm×53mm)进行加载，共加载 6 层砖，总重量约为 400kg 左右，若转化为混凝土厚度，约为 145mm 厚。在各立杆的上下端分别安装传感器，考察各立杆内力的分配情况及上下端内力变化情况。在格栅和面板处分别安装百分表，利用面板处的百分表实测值减去格栅处实测的百分表实测值得到面板的实际挠度值，从而克服了格栅与龙骨之间空隙的影响。试验装置示意、传感器安装位置如图 4-1(a)所示，图 4-1(b)为现场试验情况。

4.1.2　试验结果

1. 各立杆内力变化情况图

图 4-2 中横坐标为加载时间 T，纵坐标为各立杆上下传感器的平均内力 N，并将各曲线的峰值内力列于表 4-2 中。从图 4-2 和表 4-2 中可以看出，胶合板 JB-0 试验情况，中间两立杆(3 号和 4 号)的内力比较接近，且大致为其他立杆内力的 2 倍，基本符合现行规范荷载按区域计算的方法；但 GMT-0 中，4 号立杆的内力最大，3 号立杆内力次之，但相差较大，如果仍按现行规范荷载按区域计算，则 4 号立杆的内力将被低估；这主要是由于 GMT 模板的厚度较小，导致其刚度 EI 较小，不能将荷载均匀地传至各根立杆。

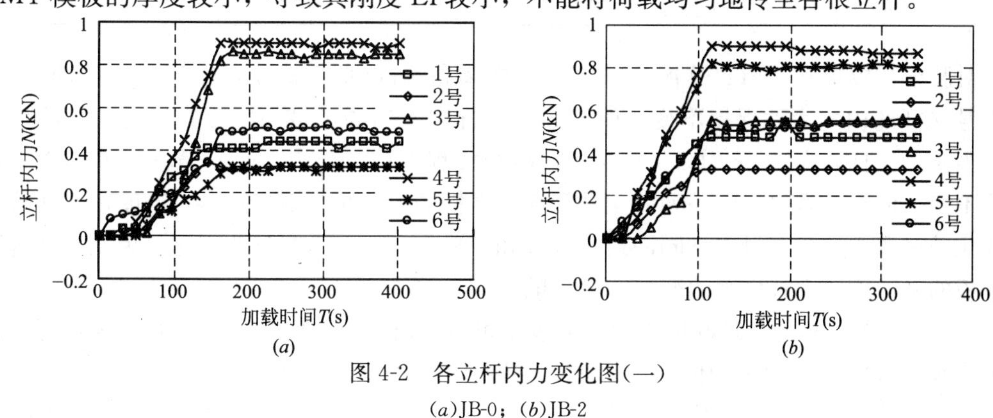

图 4-2　各立杆内力变化图(一)

(a)JB-0；(b)JB-2

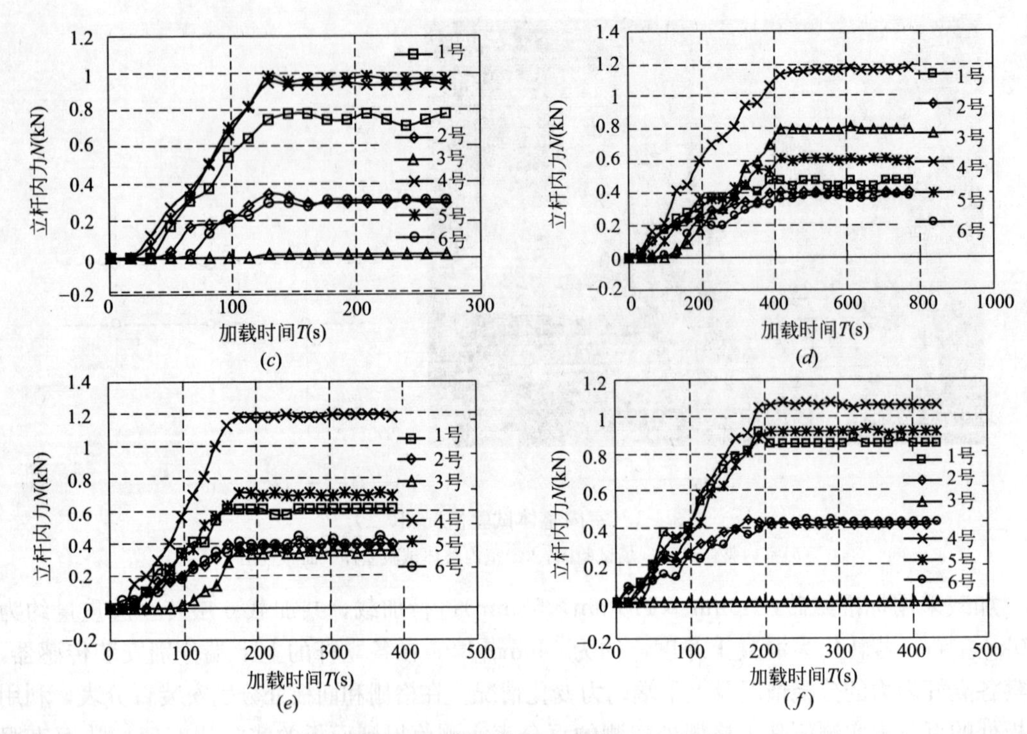

图 4-2　各立杆内力变化图(二)

(*c*)JB-4；(*d*)GMT-0；(*e*)GMT-2；(*f*)GMT-4

立杆的峰值内力情况　　**表 4-2**

立杆序号 \ 模板编号	JB-0	JB-2	JB-4	GMT-0	GMT-2	GMT-4
1 号	0.44	0.54	0.78	0.48	0.61	0.92
2 号	0.34	0.33	0.34	0.41	0.39	0.44
3 号	0.87	0.57	0.17	0.81	0.35	0
4 号	0.90	0.90	1.11	1.18	1.20	1.08
5 号	0.33	0.82	1.0	0.61	0.71	0.94
6 号	0.52	0.57	0.31	0.39	0.44	0.44
内力和	3.4	3.73	3.71	3.88	3.7	3.82

对胶合板模板和 GMT 模板，当 4 号立杆调高 2mm 时，3 号立杆的内力随即减小，而 4 号立杆的内力大致保持不变，但与 3 号立杆同一列的 1 号和 5 号立杆的内力相应增加；当 4 号立杆调高 4mm 时，3 号立杆在整个过程中均无受力，而 4 号立杆的内力大致保持不变，但与 3 号立杆同一列的 1 号和 5 号立杆的内力相应增加较多。同时，在 4 号立杆变化的过程中，与 4 号立杆同一列的 2 号和 6 号立杆，并无明显的变化。说明，在施工中模板的平整度对立杆内力的变化有较大的影响。

表 4-2 为各立杆的平均峰值内力，从表中可以看出，每次所施加的荷载较为接近，胶合板模板立杆峰值内力平均值为 3.61kN，极差为 0.33kN，为平均值的 9%；GMT 模板立杆峰值平均值为 3.8kN，内力极差为 0.18kN，为平均值的 4.7%。因此在后续分析中，

可以忽略由于采用堆载而使各次试验所施加荷载不同的影响。

2. 高差对立杆内力分布的影响

图 4-3 和图 4-4 分别为 4 号立杆高差由 0→2mm→4mm，两列立杆内力的变化图(胶合板模板情况下)，横坐标为立杆高差，纵坐标为各立杆内力值。由于采用砖堆载试验，每次砖的总重量有点区别，但总体上区别不大，极差仅为加载总重平均值的 3%，在分析中忽略重量区别的影响。从图 4-3 中可以看出，由 1 号、3 号、5 号所组成的这一列，立杆内力发生了明显的变化，3 号立杆内力明显下降，1 号和 5 号立杆内力增加也较为明显。3 号立杆内力由 0.87kN 降为 0.17kN，仅为原来的 20%，而 5 号立杆增加最为明显，由 0.33kN 增加到 1.0kN，为原来的 3 倍；1 号立杆由 0.44kN 增加到 0.78kN，为原来的 1.78 倍。而从图 4-4 可以看出，由 2 号、4 号、6 号所组成的这一列立杆，在 4 号立杆的高差由 0 变化到 2mm 时，立杆的内力基本没有发生变化，当变化到 4mm 时，4 号立杆的内力有所增加但不明显，由 0.90kN 增加到 1.11kN，增加 0.21kN，而 6 号立杆稍有降低，由 0.57kN 减少到 0.31kN，减少了 0.26kN，2 号立杆基本不变。

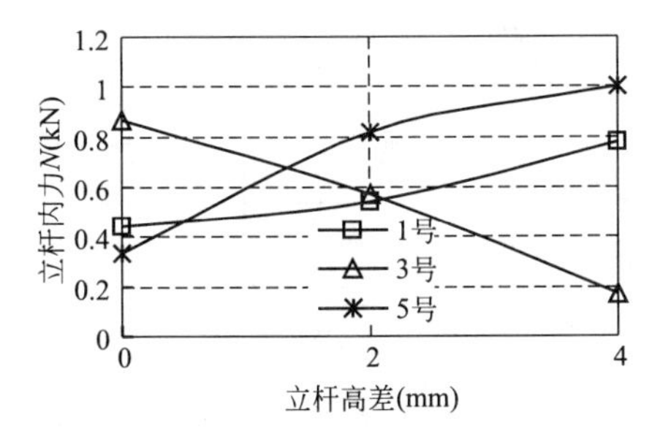

图 4-3　1 号、3 号、5 号立杆内力变化(胶合板模板)

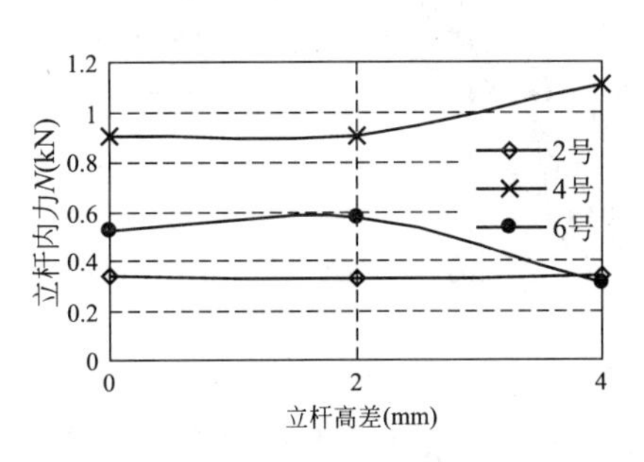

图 4-4　2 号、4 号、6 号立杆内力变化(胶合板模板)

图 4-5 和图 4-6 分别为 4 号立杆高差由 0→2mm→4mm，两列立杆内力的变化图(GMT 模板情况下)。由于采用砖堆载试验，每次砖的总重量有点区别，但总体上区别不大，极差仅为加载总重平均值的 1.6%，在分析中忽略重量区别的影响。从图 4-5 中可以看出，由 1 号、3 号、5 号所组成的这一列，立杆内力发生了明显的变化，3 号立杆内力明显下降，1 号和 5 号立杆内力增加也较为明显。3 号立杆内力由 0.80kN 降为 0kN，而 5 号立杆增加最为明显，由 0.61kN 增加到 0.94kN，为原来的 1.54 倍；1 号立杆由 0.48kN 增加到 0.92kN，为原来的 1.92 倍。而从图 4-6 可以看出，由 2 号、4 号、6 号所组成的这一列立杆，立杆的内力基本没有发生变化。

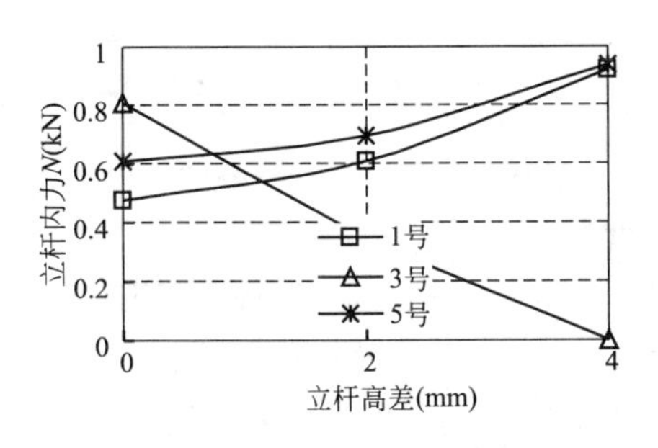

图 4-5　1 号、3 号、5 号立杆内力变化(GMT 模板)

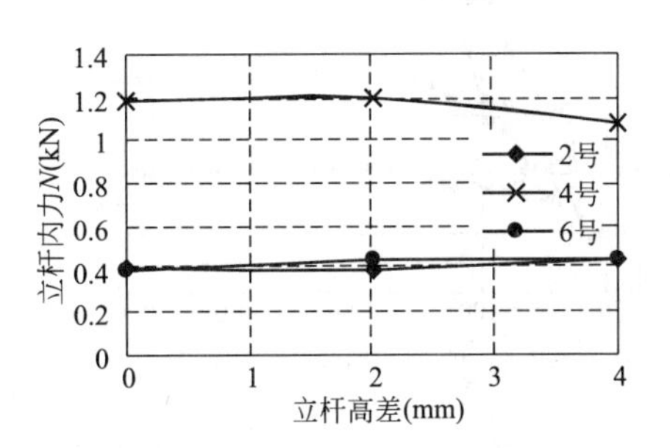

图 4-6　2 号、4 号、6 号立杆内力变化(GMT 模板)

综合胶合板模板和 GMT 模板的情况，可以认为立杆高差对立杆内力分布有较大的影响，尤其对于立杆较低列(1 号、3 号、5 号)的内力重分布将更加明显，内力变化达到原来的 1.5～3 倍，对立杆较高列(2 号、4 号、6 号)，只有高差较大时，才会产生影响。因此，一方面在施工中要严格的控制立杆高差，另一方面，计算公式必须考虑这种偏差的影响。

3. 面板挠度-荷载图

面板挠度是模板支撑设计的重要控制指标之一。GMT 模板是一种新型的模板，虽然其本身的弹性模量大，但其厚度小，因此抗弯刚度是否满足要求，将成为其推广的关键因素之一。因此，本文通过实测得到的挠度，反推出 GMT 模板的抗弯刚度，同时也利用胶合板模板的数据，来验证所采用方法的可行性和准确性。图 4-7 为随加载过程各跨板中挠度的变化情况。由于简化了边界条件，可能对边缘两跨的挠度有一定的影响，从而导致实

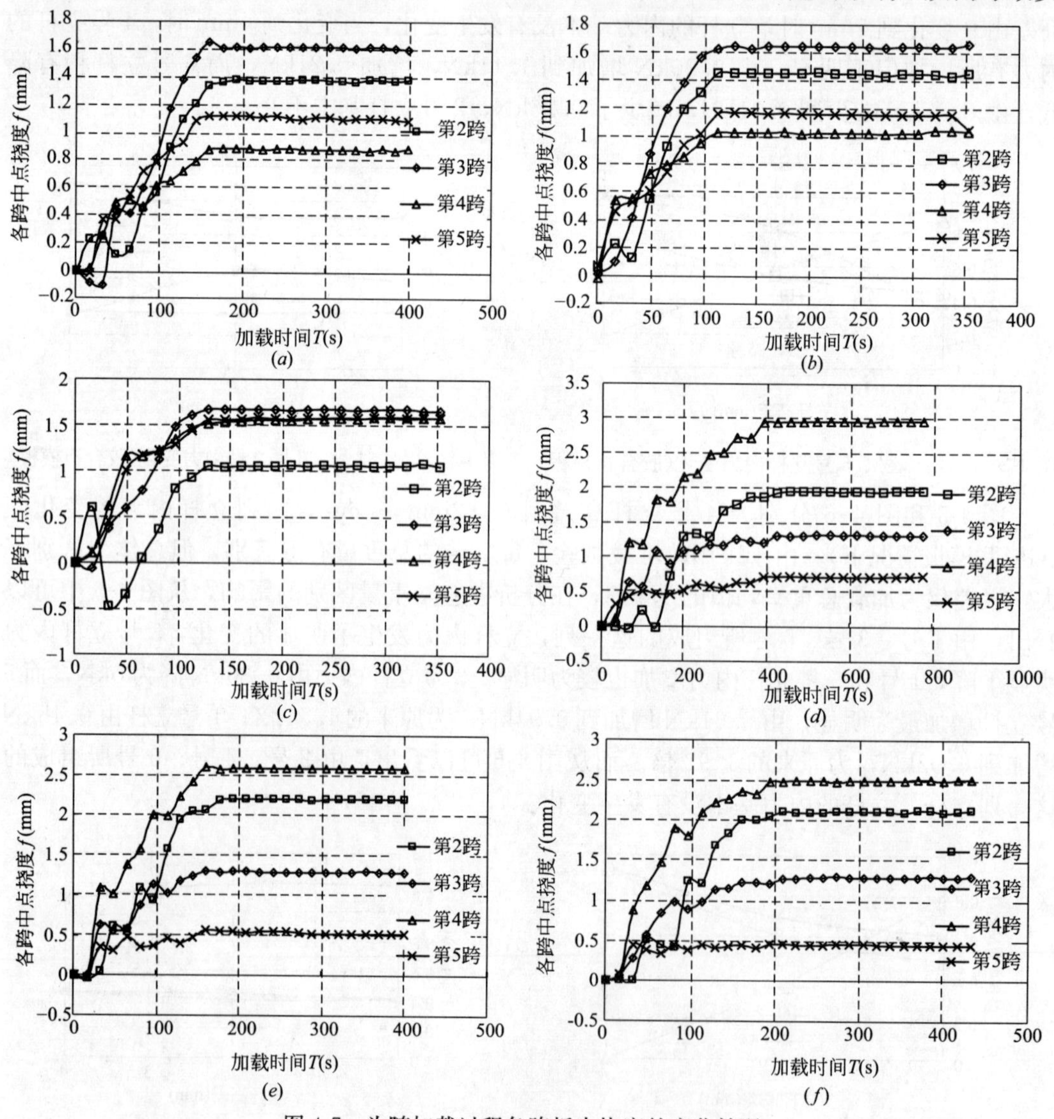

图 4-7　为随加载过程各跨板中挠度的变化情况

(*a*)JB-0 挠度曲线变化规律；(*b*)JB-2 挠度曲线变化规律；(*c*)JB-4 挠度曲线变化规律；
(*d*)GMT-0 挠度曲线变化规律；(*e*)GMT-2 挠度曲线变化规律；(*f*)GMT-4 挠度曲线变化规律

测中存在一定的误差。从图中可以看出，在开始阶段挠度的增长无规律，有的挠度甚至出现负值，这主要是采用堆载试验，往上堆标准砖时是从一边往另一边进行的(从第 6 跨往第 1 跨方向进行的)，因此，刚开始时先加载一端产生挠度，而远处可能产生翘起，产生负挠度，但此时产生的变形均属于弹性变形，对面板最终的挠度不会产生影响，而本文所关心的也是面板最终挠度。曲线最后的平直段是加载完成后的持荷时间。

图 4-8 为每跨跨中挠度的最大值，其中横坐标为板跨中坐标、纵坐标为板跨中挠度的最大值。从图中可以看出，挠度的最大值基本上都出现在中间两跨。

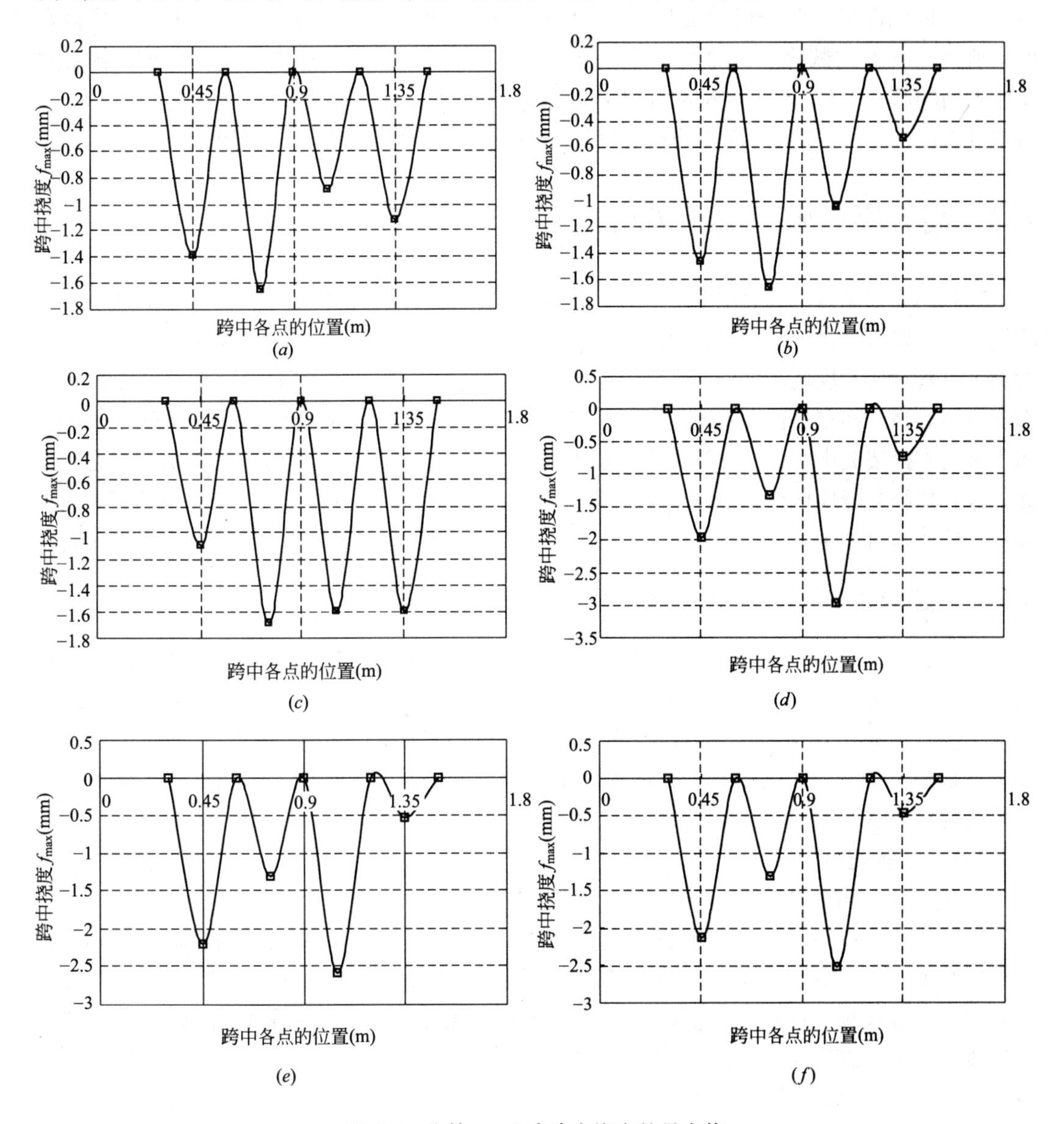

图 4-8　为第 2～5 跨跨中挠度的最大值

(a)JB-0 板的挠度变化曲线；(b)JB-2 板的挠度变化曲线；(c)JB-4 板的挠度变化曲线；(d)GMT-0 板的挠度变化曲线；(e)GMT-2 板的挠度变化曲线；(f)GMT-4 板的挠度变化曲线

胶合板模板和 GMT 模板跨中最大挠度对比　　表 4-3

4 号立杆高差(mm)	胶合板		GMT 模板		刚度比
	总荷载 N_1(kN)	挠度最大值 f_1(mm)	总荷载 N_2(kN)	挠度最大值 f_2(mm)	$EI_{GMT}/EI_{JB}=N_2f_1/N_1f_2$
0	3.4	1.65	3.88	2.97	0.63
2	3.73	1.66	3.7	2.58	0.64
4	3.71	1.59	3.82	2.52	0.65

从表 4-3 中，可以看出高差对面板挠度的影响较小，没有太明显的规律，但是在荷载相差不大的情况下，胶合板模板与 GMT 模板的挠度却存在明显的差异。因为试验中两种面板所进行各参数试验中，除了 4 号立杆的高差有所区别外，其余参数均为相同，因此试验所采用的胶合板和 GMT 模板刚度(EI)的比值可简化为 $EI_{GMT}/EI_{JB}=(N_2f_1)/(N_1f_2)$，从表中可以产出，所采用的 GMT 模板其刚度仅为所采用胶合板(18mm 厚)刚度的 0.64 倍。

4.2　高大模板施工现场实测

在我国工程结构倒塌事故有 2/3 以上是发生在施工阶段，其中模板支撑体系的坍塌是事故发生的主要原因之一，尤其是大跨度(18m 以上)超高模板(8m 以上)。《建筑施工扣件式钢管脚手架安全技术规范》(JGJ 130—2011)[43]对扣件式钢管模板支撑架的计算长度取值未考虑支撑架的高度和水平杆设置层数，也未考虑水平杆和剪刀撑与立杆之间的相互作用关系。而未对高支撑架提出明确的计算要求，也未深入考虑支撑体系各杆件间相互作用的问题。因此，建立超高大跨模板支撑体系力学计算模型已显得日趋重要。而施工现场检测是超高大跨模板支撑体系研究中的一个重要内容，是建立超高大跨模板支撑体系力学计算模型的前提。

4.2.1　超高大跨梁底模板支撑立杆内力实测

考虑到施工现场，钢管、扣件等材料经多次周转使用后性能的差异，以及工地管理水平、工人技术差异的随机性等，对 3 个不同施工项目的超高大跨模板支撑体系进行了现场实测试验，以避免在同一个项目进行多次实测导致的实测数据的片面性。本文主要考察立杆上下端轴力的变化。其中丹宁顿小镇别墅为斜屋面，混凝土采用人工浇捣，其余项目采用泵送混凝土进行浇筑。

4.2.1.1　试验项目背景

1. 丹宁顿小镇别墅

丹宁顿小镇别墅位于闽侯上街镇。其中，小区会所屋面为斜屋面，檐口高度 12m，屋面梁的跨度 18m，属于超高大跨支撑系统。对其中 300mm×1200mm 屋面梁支撑系统进行实测。现场模板支撑搭设主要参数如下：垂直于梁轴线方向的立杆间距 670mm，顺着梁轴线方向的立杆间距 643mm，步距 1575mm。

2. 家天下二期小学工程

家天下二期小学工程位于福州市五四北新区。其中，风雨操场长 34m，宽 20.1m，总高度 10.32m；楼板厚 120mm，梁截面为 550mm×1200mm、300mm×700mm、250mm×600mm、300mm×500mm。选择对风雨操场支撑高度 10.32m，截面为 550mm×1200mm

的梁模板支撑体系进行实测。现场模板支撑搭设主要参数如下：垂直于梁轴线方向的立杆间距 834mm，顺着梁轴线主梁方向的立杆间距 807mm，步距 1567mm。

3. 福建工程学院新校区南区系部 E 组团工程

福建工程学院新校区南区系部 E 组团工程位于福州市闽侯县上街镇福州地区大学城福建工程学院新校区，属于框架结构。对其中支撑高度 25.2m，截面为 350mm×1000mm 的梁支撑系统进行现场实测。现场模板支撑搭设主要参数如下：垂直于梁轴线方向的立杆间距 850mm，顺着梁轴线方向的立杆间距 1045mm，步距 1625mm。

4.2.1.2 实测方法

主要实测在施工过程中超高大跨梁模板支撑体系中立杆上端与下端内力的变化，立杆布置位置典型示意(家天下项目)如图 4-9 所示。在梁底模板支撑体系的跨中处立杆上下端共安装 4 个传感器，两个立杆分别以 1 号、2 号立杆表示。对于模板支撑中其他支撑构件如格栅、立档等图中没有体现。另外，本文主要是考察混凝土浇筑过程中，各施工条件的影响，实测仅从混凝土开始浇捣开始，因此本文所得到的立杆内力并没有包括模板自重、钢筋自重等。

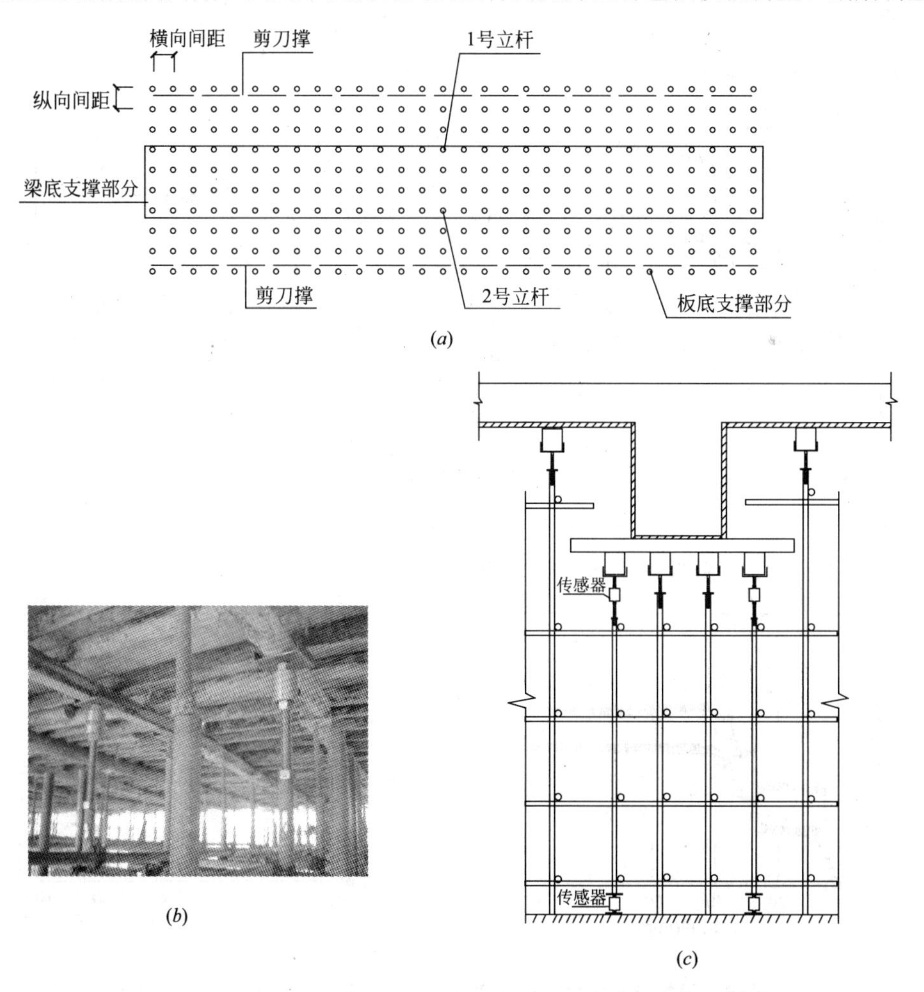

图 4-9 传感器安装示意图

(*a*)模板支撑局部平面示意；(*b*)现场传感器安装；(*c*)传感器安装示意

4.2.1.3 实测结果及分析

1. 内力随浇筑过程的变化

（1）丹宁顿小镇别墅

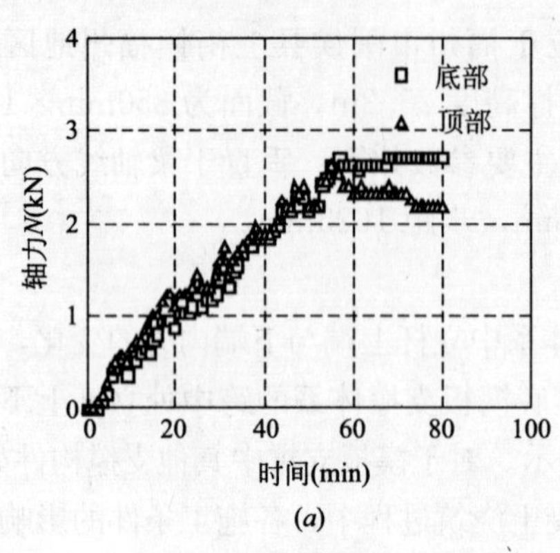

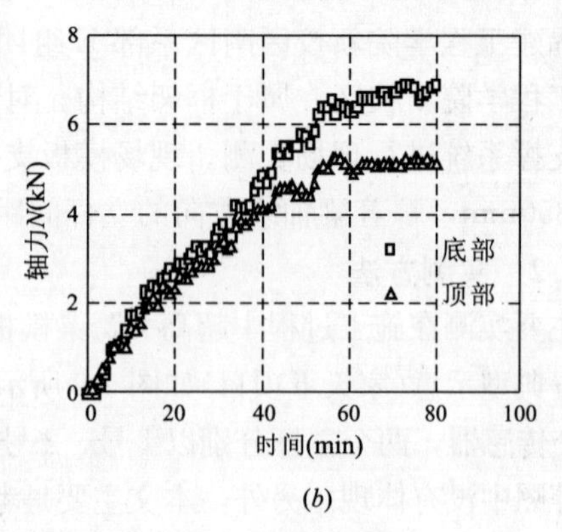

图 4-10 丹宁顿小镇别墅项目混凝土浇筑过程立杆轴力变化关系

(a)1 号立杆；(b)2 号立杆

（2）家天下项目试验数据

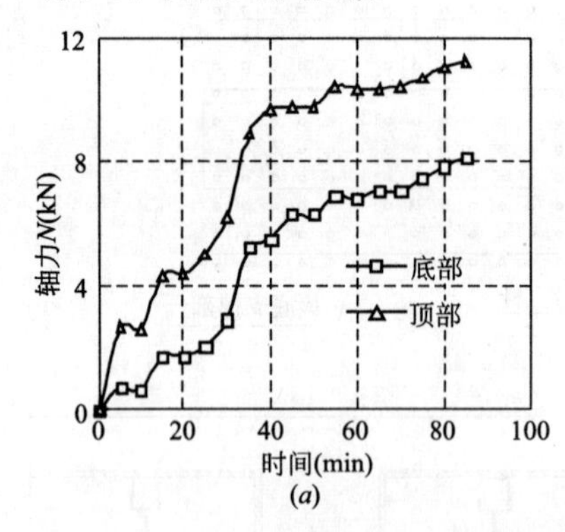

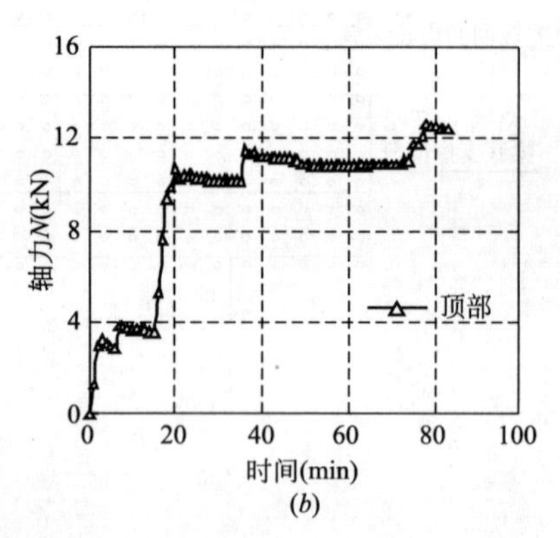

图 4-11 家天下项目混凝土浇筑过程立杆轴力变化关系

(a)1 号立杆；(b)2 号立杆

（3）福建工程学院新校区南区系部 E 组团工程

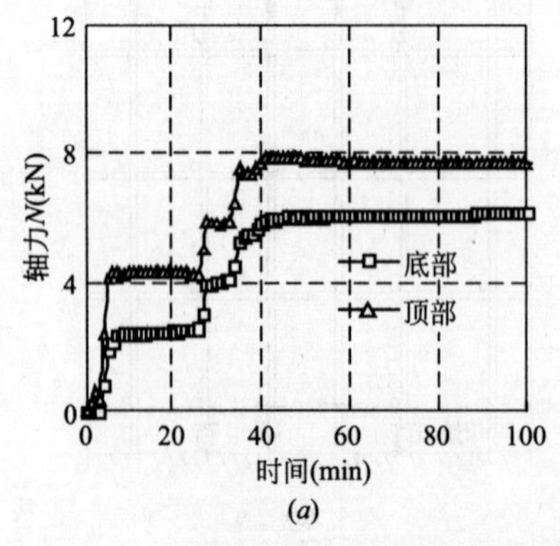

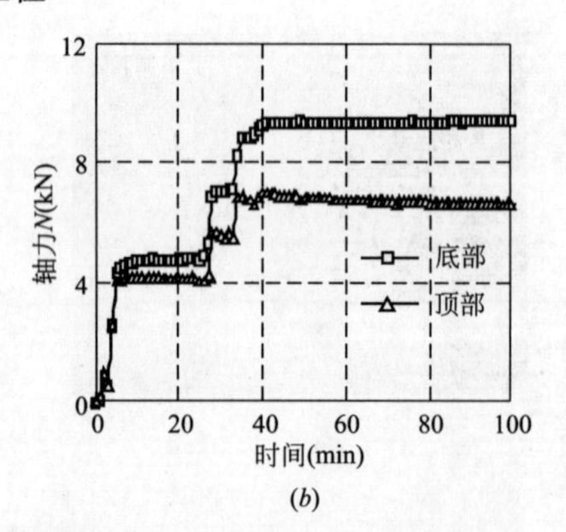

图 4-12 福建工程学院新校区南区系部 E 组团混凝土浇筑过程立杆轴力变化关系

(a)1 号立杆；(b)2 号立杆

从图 4-10～图 4-12 的立杆内力随浇筑过程的变化关系可以看出，采用人工浇捣的方式，内力是缓慢增长的，而采用泵送混凝土的形式，内力增长存在突然性，带有一定的冲击性，因此在考虑超高大跨模板支撑过程中，应考虑浇筑方式的区别。建议在考虑超高大跨模板支撑计算中，除考虑泵送水平冲击力的影响，立杆竖向力也应考虑冲击荷载效应增大系数。

2. 立杆上下端轴力比值随浇筑过程的变化

（1）丹宁顿小镇别墅实测数据如图 4-13 所示。

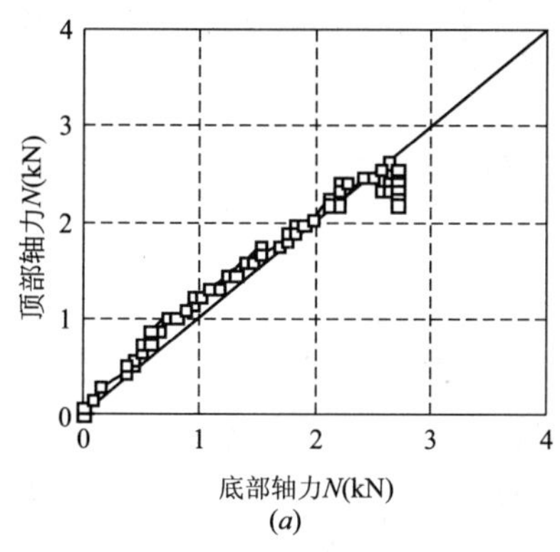

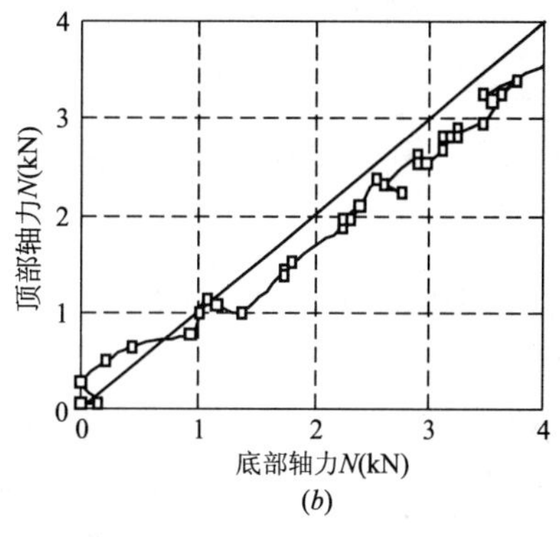

图 4-13　丹宁顿小镇别墅项目底部-顶部轴力关系图

(a)1 号立杆；(b)2 号立杆

（2）家天下项目实测数据如图 4-14 所示。

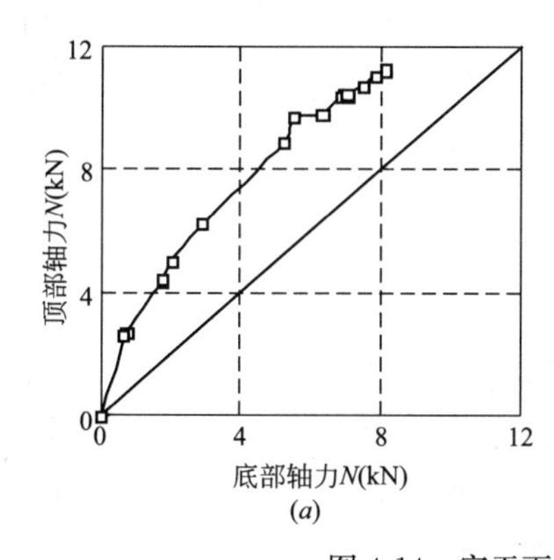

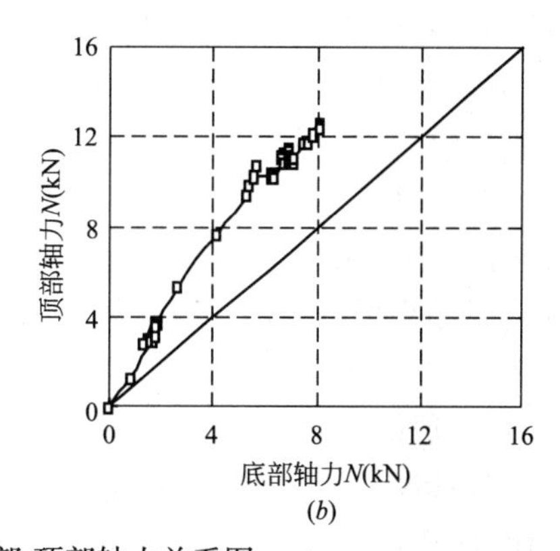

图 4-14　家天下项目底部-顶部轴力关系图

(a)1 号立杆；(b)2 号立杆

2 号立杆底部传感器，在试验过程中坏掉，因此 2 号立杆底部轴力，用 1 号立杆底部轴力替代。

（3）福建工程学院新校区南区系部 E 组团工程实测数据如图 4-15 所示。

从图 4-13～图 4-15 立杆上下端内力比较的结果可以看出，丹宁顿小镇别墅项目，由于采用人工浇捣的方式，在浇筑过程立杆上下端的轴力大致相等，各测点内力大小大致分布在 45°线两侧，而另外两个项目，由于采用泵送混凝土，立杆上下端的轴力差别较大，偏离 45°线较多。主要原因是，泵送混凝土产生的水平力的影响较大，对于高支撑，水平力使立杆产生的侧移或侧向弯曲比一般支撑更加显著，因此导致了水平杆调节作用增大，

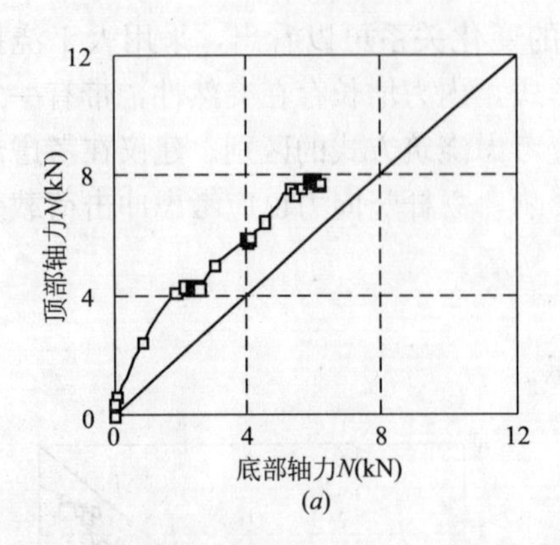

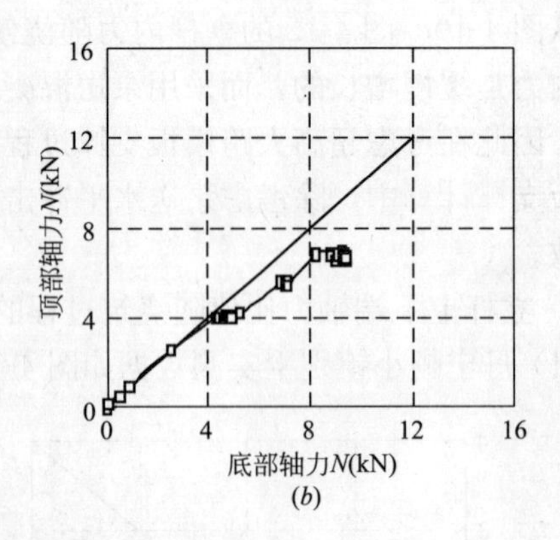

图 4-15 福建工程学院新校区南区系部 E 组团底部-顶部轴力关系图

(a)1 号立杆；(b)2 号立杆

使得立杆上下端的内力发生变化。

杨俊杰[13]通过一个工程的高支撑体系的现场检测试验，指出同一立杆底部和顶部的轴力大小不一，一般梁下立杆的顶部轴力大于底部轴力。但是本文对 3 个项目的实测分析发现，立杆上下端的轴力变化规律并不明显。丹宁顿小镇别墅项目两立杆上下端的轴力，实测时，1 号立杆前期，上端轴力略大于下端轴力，但后期却略小于下端轴力；2 号立杆在浇筑过程中上端轴力略小于下端轴力。家天下项目，1 号立杆上端轴力在整个浇筑过程中，均明显大于下端轴力。福建工程学院新校区南区系部 E 组团工程项目，1 号立杆上端轴力在整个浇筑过程中，均明显大于下端轴力，但 2 号立杆在浇筑过程前期，上下端的轴力大致相等，但后期下端轴力大于上端轴力。实测结果表明：水平横杆和剪刀撑对各根立杆内力起到了调节的作用，但并不总是由梁底支撑的立杆传给板底支撑的立杆。

3. 两立杆轴力对比

从表 4-4 结果可以看出，对于斜屋面，两根立杆的轴力差别较大，其中 1 号立杆的上下端轴力平均值为 2.65kN，而 2 号立杆的上下端轴力平均值为 6.05kN，为 1 号杆的 2.28 倍；而一般的楼面，两根实测的立杆轴力比较接近，其中家天下项目 1 号立杆的最大轴力为 11.2kN，而 2 号立杆的最大轴力达到 12.4kN，相差仅 1.11 倍；福建工程学院新校区南区系部 E 组团工程，1 号立杆上下端轴力平均值为 7.1kN，2 号立杆上下端轴力平均值为 8.2kN，相差仅 1.15 倍。因此，对于超高大跨模板支撑体系，斜屋面导致的各根立杆内力分配不均匀更加突出。

两立杆轴力对比 **表 4-4**

轴力(kN) 项目 / 位置	项目 1		项目 2		项目 3	
	1 号	2 号	1 号	2 号	1 号	2 号
上端	2.6	5.2	11.2	12.4	7.8	7.0
下端	2.7	6.9	8.1	—	6.4	9.4
平均值	2.65	6.05	9.65	—	7.1	8.2

注：项目 1 指丹宁顿小镇别墅，项目 2 指家天下项目，项目 3 指福建工程学院新校区南区系部 E 组团工程。

4.2.2 超高大跨梁板支撑体系立杆内力实测

4.2.2.1 工程概况

本次所测工程为某高校图书馆工程，主体建筑为地上 18 层(其中裙楼 6 层)，首层层高 5.1m，2～5 层 4.5m，6～17 层 3.6m，18 层 4.5m。地下室一层，层高 4.5m。该工程占地面积 8703m²，总建筑面积 41024.6m²，地上部分建筑面积 36302.6m²，地下层部分建筑面积 4722m²。

本次实测工程超高结构部分位于平面图(A～2/H)×(1～3)轴，功能设计门厅。门厅部分面积约为 410m²，单层层高为 13.5m，柱均为圆柱截面尺寸为 ϕ600mm，梁载面为 300mm×800mm 和 250mm×500mm 梁，梁轴线跨度均不超过 8m，楼板厚度 120mm。具体检测部位包括(G～H)×②轴 300mm×800mm 主梁底下高度约为 12.7m(13.5－0.8＝12.7m)的钢管扣件式模板支撑架，以及(G～H)×(②～③)轴 1/4 区格内厚 120mm 板面浇筑时其底下的钢管扣件式模板支撑架。现场模板支撑如图 4-16 所示。

图 4-16 模板支撑架现场搭设图

4.2.2.2 实测模板支撑架搭设方案及传感器安装

(1) 钢管：支架系统均采用 ϕ48×3.5 钢管(计算时壁厚取 3.0mm)，铸铁扣件连接加固。立杆和水平杆的接头在不同的框格层中均错开设置。

(2) 梁底部模板支架搭设高度约为 12.7m，梁截面尺寸为 300mm×800mm，满堂架采用的钢管类型为 ϕ48×3.5。搭设尺寸为：梁底部的立杆间距垂直于梁轴线方向为 800mm，顺着梁轴线方向为 1200mm，立杆的步距 h＝1.50m。立杆顶端均设可调顶托，外露长度不大于 200mm。

(3) 楼面底部模板支架搭设高度约为 13.2m，楼板厚度 0.12m，满堂架采用的钢管类型为 ϕ48×3.5。搭设尺寸为：立杆的纵距 b＝1.20m，立杆的横距 l＝1.20m，立杆的步距 h＝1.50m。支撑顶部采用 10 号工字钢，立杆顶端设“U”形可调顶托，外露长度不大于 200mm。

(4) 钢管立柱的扫地杆、水平拉杆均采用 ϕ48×3.5 钢管，用扣件与钢管立柱扣牢。纵向扫地杆采用直角扣件固定在距底座上皮不大于 200mm 处的立杆上，横向扫地杆亦采用直角扣件固定在紧靠纵向扫地杆下方的立杆上。

(5) 剪刀撑包括纵、横两个垂直方向和水平方向三部分组成。模板支架四边满布垂直剪刀撑，中间每隔四排立杆设置一道纵、横向垂直剪刀撑，由底至顶连续设置。另外模板支架四边与中间每隔 4 排立杆从顶层开始向下每隔 2 步设置一道水平剪刀撑。

(6) 支撑架转角和端头在靠近楼板处用钢管扣件拉结，并沿边每隔 4 跨设置一道水平连墙件。

图 4-17 为传感器现场安装示意图。选取 6 根立杆，分别在其上下端安装压力传感器，

共 12 个。

(*a*) (*b*)

图 4-17　压力传感器现场安装图

(*a*)杆底压力传感器现场安装；(*b*)杆顶压力传感器现场安装

4.2.2.3　测点布置和数据采集

选取 6 根立杆，分别在其上下端安装压力传感器，共 12 个。具体布置见图 4-18、图 4-19。

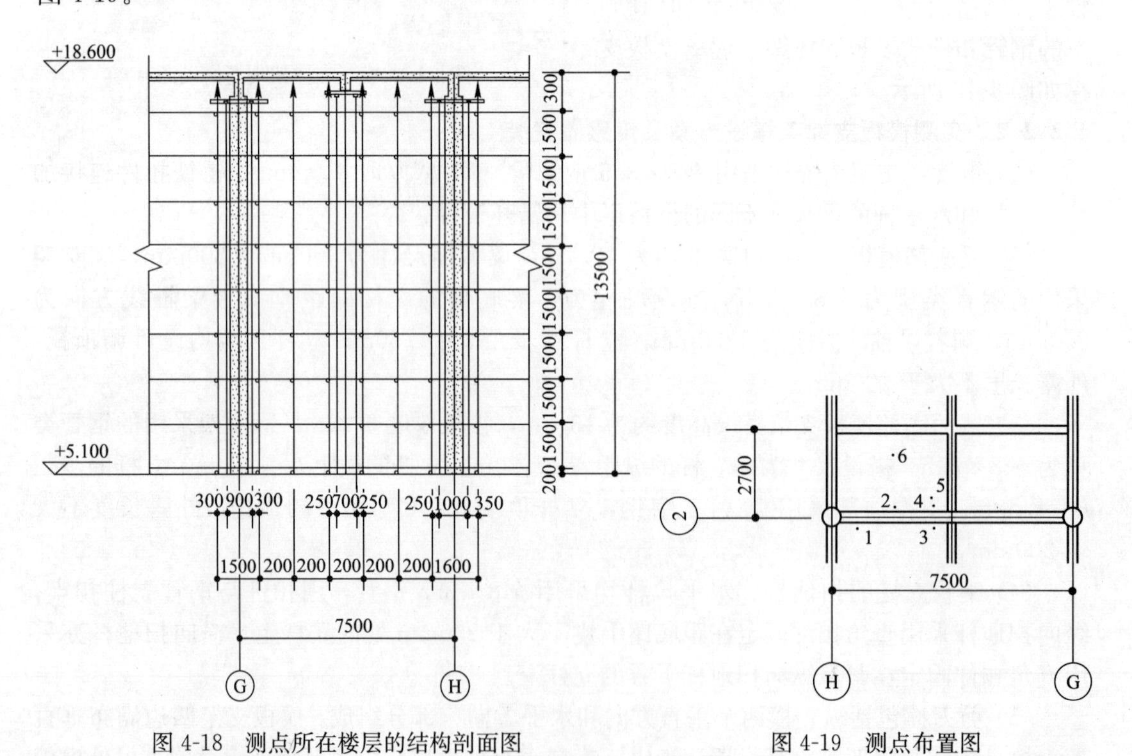

图 4-18　测点所在楼层的结构剖面图　　　　图 4-19　测点布置图

4.2.2.4　实测结果分析

本次门厅楼板的混凝土浇筑采用泵送-布料杆式浇筑方案，浇筑路径与时间顺序如图 4-20 和 4-21 所示。施工过程中，整个楼板分 4 个板块，且在每个板块上混凝土浇筑按先梁后板的路径。

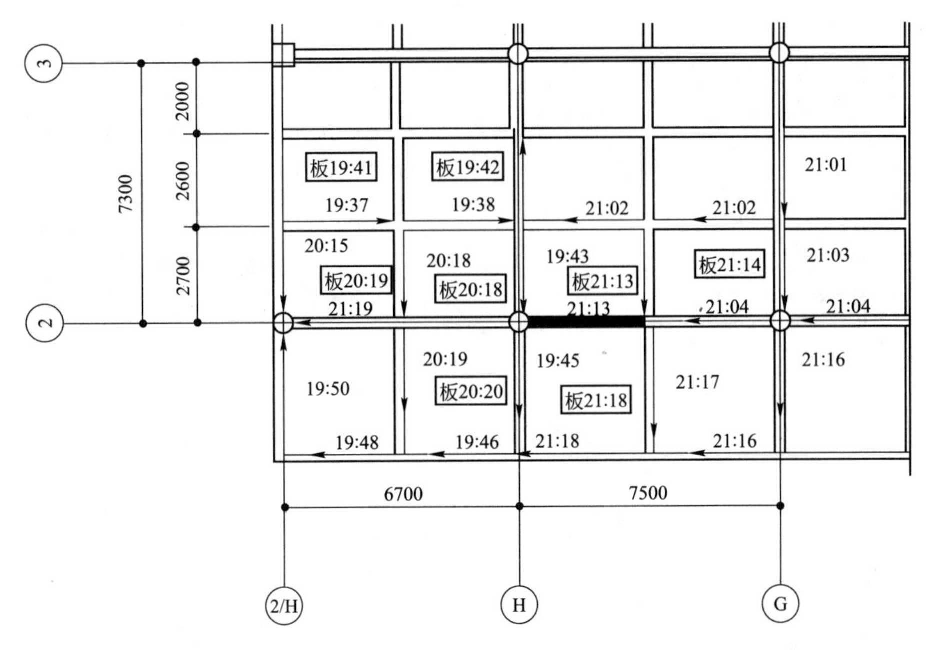

图 4-20　试验检测部位混凝土浇筑路径-时间图

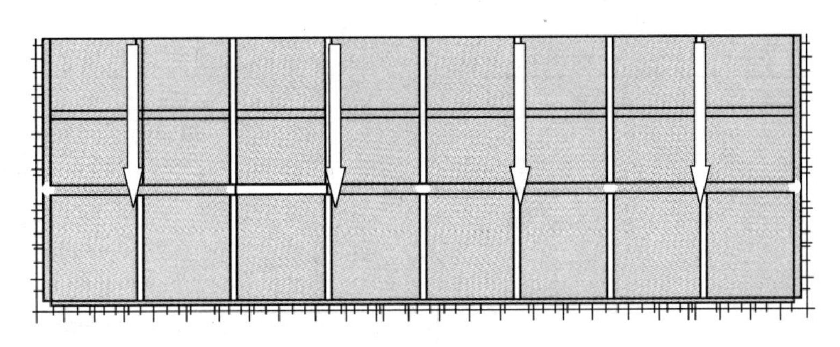

图 4-21　现场混凝土路径图

由于本次混凝土浇筑时，中途因为泵站调配出现问题，导致等待混凝土车近 25min，浇筑过程产生间歇，浇筑停留位置在第 1 块浇筑区域的最后两块区格处，所以在图 4-22 中 30～55min 之间轴力曲线出现了较长平直段，且前后有两次出现明显的曲线急剧上升，轴力激增段。第一次急剧上升发生在第 1 块区混凝土浇筑至第 2 根圆柱顶端附近处，该部位靠近测点；第二次急剧上升发生在第 2 块区混凝土浇筑至试验梁处，该部位正处于测点布置区域。

混凝土浇筑过程中施工不确定影响因素很多，如浇筑路径临时变动、混凝土浇筑间歇、工人振捣操作不规范等。本次试验实测仅从混凝土浇筑开始到浇筑离开测点区域一定距离后结束，因为在数据采集开始前进行了平衡，所以立杆内力没有包括模板、钢筋和钢管支撑架等的自重。

（1）立杆内力随浇筑过程的变化。

（2）冲击荷载效应对高大模板支撑架立杆内力变化的影响。

采用泵送方式浇筑时，泵管内混凝土是从近 0.5m 高度处落在模板面上的，竖向砸

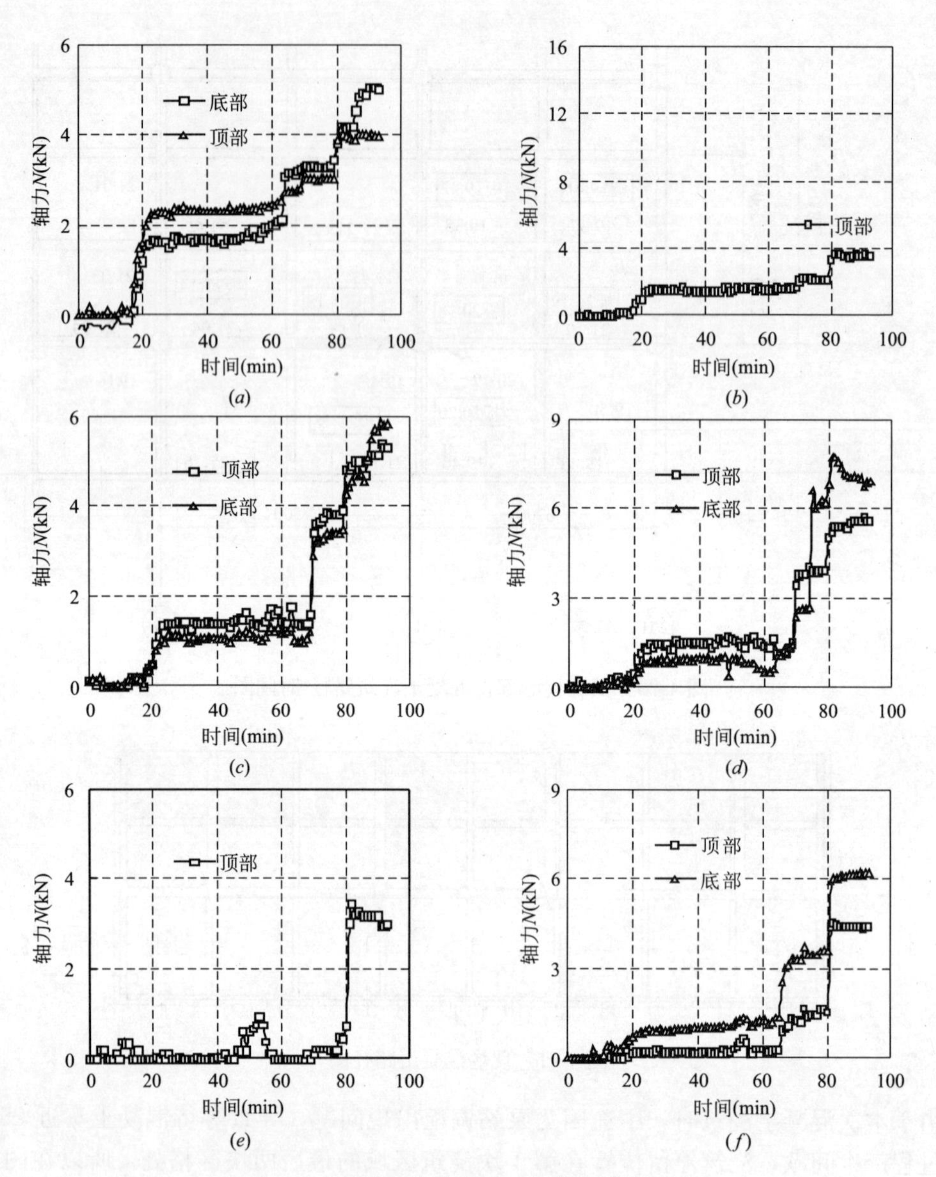

图 4-22　混凝土浇筑过程-立杆轴力变化关系

(a)1号立杆；(b)2号立杆；(c)3号立杆；(d)4号立杆；(e)5号立杆；(f)6号立杆

击，必然产生荷载冲击效应。图 4-22 中，从 1 号、2 号、3 号、4 号、5 号、6 号立杆的轴力曲线图可以明显反映出混凝土浇筑过程中竖向荷载冲击效应。在混凝土浇筑过程中，当混凝土浇筑靠近测点位置时，测点立杆轴力急剧上升，轴力曲线有明显的跳跃突增变化，然后随着泵管位置的远离，立杆轴力趋于稳定。

从表 4-5 混凝土浇筑过程中测点处立杆轴力增长情况，梁下 1 号、2 号、3 号和 4 号立杆的内力增长在 1.2～3.0 之间，板下 5 号和 6 号立杆的内力增长较梁下立杆要大一些。虽然本次只是对一个工程项目进行实测，数据有限，代表性不够，但是结合章雪峰[24]混凝土结构模板支撑体系内力实测试验，仍然可以得出结论：采用泵送混凝土浇筑形式，立杆内力增长存在突然性，对模板支撑架产生一定的荷载冲击效应。

混凝土浇筑过程中立杆的轴力增长情况 **表 4-5**

立杆编号	1号立杆				2号立杆				3号立杆			
位置	顶部		底部		顶部		底部		顶部		底部	
急剧上升段	Ⅰ	Ⅱ	Ⅰ	Ⅱ	Ⅰ	Ⅱ	Ⅰ	Ⅱ	Ⅰ	Ⅱ	Ⅰ	Ⅱ
突增前	0	3.1	−0.3	3.3	0	2.2	—	—	0	1.3	0.9	1.9
突增后	2.2	4.2	1.8	4.2	1.6	3.6	—	—	1.4	3.8	2.0	4.3
差值	2.2	1.1	2.1	0.9	1.6	1.4	—	—	1.4	2.5	1.1	2.4
增长倍数	2.2	1.35	2.1	1.27	1.6	1.64	—	—	1.4	2.92	2.22	2.26
立杆编号	4号立杆				5号立杆				6号立杆			
位置	顶部		底部		顶部		底部		顶部		底部	
急剧上升段	Ⅰ	Ⅱ	Ⅰ	Ⅱ	Ⅰ	Ⅱ	Ⅰ	Ⅱ	Ⅰ	Ⅱ	Ⅰ	Ⅱ
突增前	0	3.8	0.8	3.4	—	0	—	—	—	1.5	—	3.5
突增后	1.5	5.4	1.7	7.4	—	3.4	—	—	—	4.5	—	6.0
差值	1.5	1.6	0.9	4.0	—	3.4	—	—	—	3.0	—	2.5
增长倍数	1.5	1.42	2.13	2.18	—	3.4	—	—	—	3.0	—	1.71

泵送混凝土工艺是目前施工中普遍采用的混凝土浇捣方式，然而规范未考虑泵送混凝土所产生的荷载冲击效应对模板支架的影响，亦没有把冲击荷载作为施工荷载组合的一个组成部分。虽然规范中明确规定了施工活荷载的取值：振捣混凝土时，对水平面模板取 2.0kN/m^2，对垂直面模板取 4.0kN/m^2。但是，这些取值规定只是在静力上保证支撑架立杆的承载力安全储备，不至于因为强度不够而导致整架破坏。值得注意的是，这里应归结在动力效应影响上，在泵送浇筑混凝土的施工作业过程中，站在模板支架上的操作工人都有明显的摇晃感，这种摇晃感正是由于荷载冲击效应引起的，这点对模板支架的安全性埋下隐患。

因此，建议在超高大跨模板支撑计算时，设计者应考虑泵送混凝土浇筑产生的荷载冲击效应，立杆竖向力应乘荷载冲击效应放大系数，同时合理布置连墙件的数量和位置，从而增强模板支撑架整体侧向稳定抵抗力，保证支撑体系的稳定性和施工操作安全性。

3. 竖向荷载作用下高大模板支撑架立杆的内力响应

(1) 立杆轴力区域荷载计算法的合理性

由于影响面的效应，在整个荷载施加过程中，模板高支撑体系的内力增长情况各有不同，从图 4-23 可以看出，随着混凝土的浇捣，高支撑架中立杆轴力增长是有先后顺序的，混凝土浇筑到达立杆荷载分担区域才会出现较大内力响应。

由图 4-23 混凝土浇筑时间与路径关系，可以得知：0～30min 内混凝土是在区格 2/H～H 中浇捣，10～25min 只是在测点区域侧边经过；30～55min 内等待混凝土泵车；55～85min 内混凝土完全在测点区域浇筑；85～95min 远离测点区域浇筑。

图 4-23 对各测点的立杆杆顶内力进行处理后，可以发现：第一阶段，混凝土浇筑从测点区域旁边经过时，由于测点所在的梁端有一个圆柱的柱头，此处的混凝土量较大，因而测点立杆杆顶出现内力增长，但是内力增长的先后顺序是 1 号最早，接着 2 号，然后 3

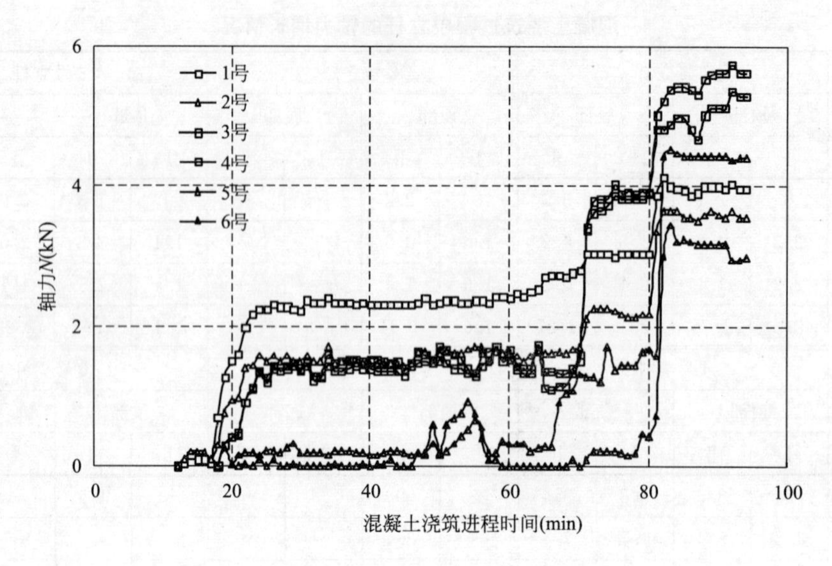

图 4-23　立杆顶端实测轴力随浇筑过程变化曲线

号和 4 号同时，5 号和 6 号因为在板下，距离柱头较远，基本没有增长，反应很小。第二阶段，现场混凝土从梁的另一段开始浇筑，先经过 3 号和 4 号杆的顶部，再 2 号和 1 号，实测曲线中立杆内力增长顺序也符合浇筑推进顺序，3 号和 4 号先同时增长，再 2 号，接着 1 号，5 号和 6 号板下立杆最后。

本次试验中，由于采集设备安装好后下雨，造成仪表受潮，2 号和 5 号立杆底部的传感器坏掉，未能采集数据。当混凝土浇筑离开测点区域，立杆内力变化稳定后，可知 1 号立杆顶端 4kN，2 号杆顶 3.6kN，3 号杆顶 5.1kN，4 号杆顶 5.6kN，5 号杆顶 3.2kN，6 号杆顶 4.4kN。按照规范中的立杆轴力区域荷载计算方法，梁下立杆 1 号、2 号、3 号和 4 号的布置参数是垂直梁轴线方向立杆间距 800mm，沿着梁轴线方向立杆间距 1200mm，梁截面 300mm×800mm，N=恒载(只计混凝土)＋施工活荷载；板下立杆 5 号和 6 号的布置参数是板下立杆纵距 L_a=1200mm，横距 L_b=1200mm，板厚 h=120mm。

立杆轴力的规范计算值和试验实测值对比(kN)　　**表 4-6**

	梁下立杆顶端				板下立杆顶端	
	1号	2号	3号	4号	5号	6号
规范值	5.456	5.456	5.456	5.456	5.956	5.956
实测值	4	3.6	5.1	5.6	3.2	4.4

从表 4-6 中可以看出，按规范区域荷载计算法得到的立杆轴力值与实测值相比，实测值较规范计算值小，满足设计要求。从这一点可以说明：现行规范按区域荷载法计算立杆轴力值是合理的。

(2) 水平杆及剪刀撑对立杆内力传递的影响

当混凝土浇筑离开测点区域，立杆内力变化稳定后，从图 4-22 可以知道各测点立杆底部内力。表 4-7 为混凝土浇筑完成后立杆顶部和底部的轴力情况。

混凝土浇筑完成后立杆顶部和底部的轴力值(kN) **表 4-7**

浇筑阶段	立杆部位	立杆编号			
		1号	3号	4号	6号
Ⅰ	杆顶	2.2	1.2	1.3	0.2
	杆底	1.6	1.1	0.9	1.0
	差值	+0.6	+0.1	+0.4	−0.8
Ⅱ	杆顶	4.0	5.1	5.6	4.4
	杆底	5.0	5.6	7.0	6.2
	差值	−1.0	−0.5	−1.4	−1.8

第一阶段立杆底部内力，1号杆1.6kN，3号杆1.1kN，4号杆0.9kN，6号杆1.0kN。立杆顶部内力，1号杆2.2kN，3号杆1.2kN，4号杆1.3kN，6号杆0.2kN，立杆底部内力与顶部内力相差1号杆＋0.6kN，3号杆＋0.1kN，4号杆＋0.4kN，6号杆－0.8kN，梁下立杆1号、3号、4号顶部内力大于底部内力，板下立杆6号顶部内力小于底部内力，但是测点处的立杆顶部模板板面上实际还没有浇筑混凝土，这里的内力增长是因为临近区域的混凝土引起的，这样的立杆内力增长现象说明已浇筑混凝土的模板底立杆轴力通过水平杆和剪刀撑传给了临近的立杆，距离越近，传递的越多。

第二阶段立杆底部内力，1号杆5.0kN，3号杆5.6kN，4号杆7.0kN，6号杆6.2kN。立杆顶部内力，1号杆4kN，3号杆5.1kN，4号杆5.6kN，6号杆4.4kN，立杆底部内力与顶部内力相差1号杆－1.0kN，3号杆－0.5kN，4号杆－1.4kN，6号杆－1.8kN，此时测点位置立杆顶部模板板面上已经浇筑混凝土，这里内力急剧增长，但是相比未加载时，梁下立杆1号、3号、4号顶部内力小于底部内力，板下立杆6号顶部内力也小于底部内力，并且差值的绝对值增大，立杆内力的这种变化现象说明水平杆和剪刀撑对立杆的轴力具有一定的调节作用。同时也说明，立杆的轴力不是沿高度均匀分布的，规范中将模板支撑架立杆稳定问题简化为一个步距的压杆稳定计算是值得商榷的。

对于章雪峰[24]现场实测试验提出：同一立杆底部和顶部的轴力大小不一，一般梁下立杆的顶部轴力大于底部轴力，而板下立杆顶部轴力小于底部轴力。这里有不同见解，实测结果表明：水平杆和剪刀撑对立杆内力传递起一定的调节作用，先受荷的立杆轴力通过水平杆和剪刀撑传给临近未受荷的立杆，内力大的传给内力小的，整个支撑体系是整体受力的结构。

由图4-23和图4-24中各测点立杆的顶部和底部内力分布图，按对应位置进行归并，得到如图4-25所示的立杆实测轴力平均值随浇筑过程变化曲线，从图4-25可以明显看出：当混凝土浇筑完毕，立杆内力变化稳定后，各杆内力分别是1号立杆4.5kN，3号杆5.4kN，4号杆6.3kN，6号杆5.3kN。按规范区域荷载计算，梁下立杆5.5kN，板下立杆6.0kN，计算内力与实测内力存在差距，因此再次说明规范中将模板支撑架立杆稳定问题简化为一个步距的压杆稳定计算是值得探讨的。

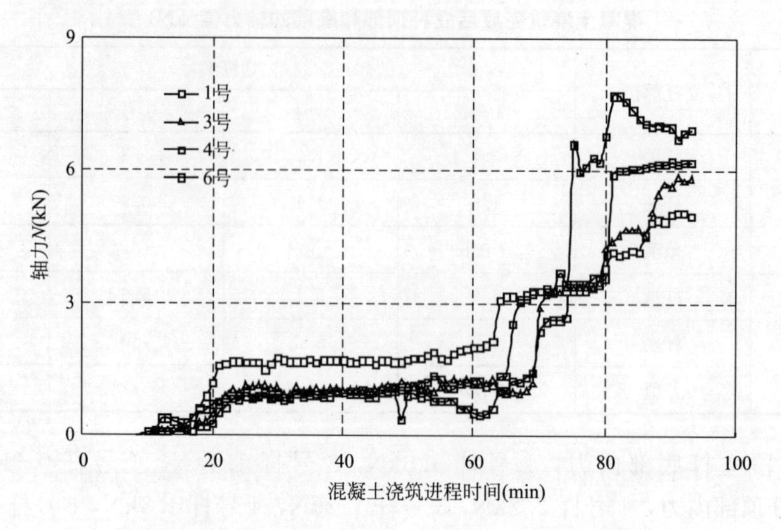

图 4-24　立杆底部实测轴力随浇筑过程变化曲线

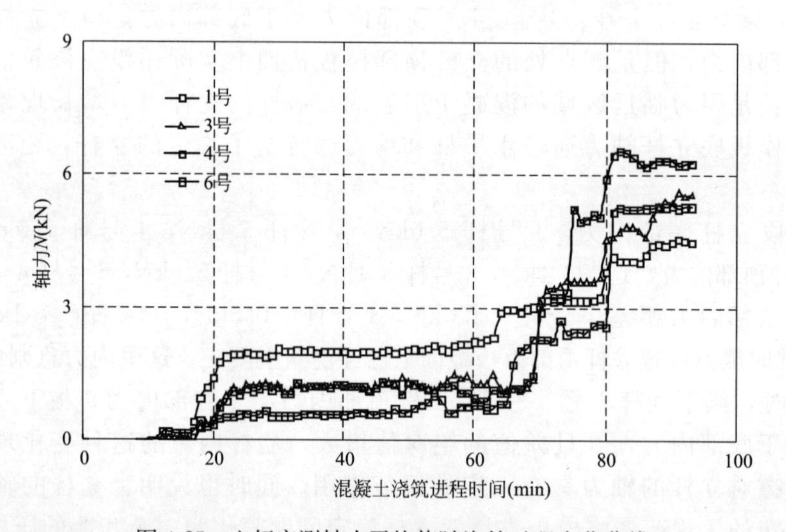

图 4-25　立杆实测轴力平均值随浇筑过程变化曲线

(3) 水平荷载作用下高大模板支撑架立杆的内力分布

目前建筑施工现场大多数都采用商品混凝土泵送浇筑，质量有保障，浇筑速度快，但是使用泵送浇筑同时也带来了新的施工问题，泵管振动、混凝土喷射等引起了水平力对模板支撑架体的不利作用。

本次混凝土浇筑的路线是：以门厅正门为正向，从楼板右侧向左侧，先梁后板，从厅内向厅外的浇捣路径，浇筑速度为 2 区格/次。由于测点位置 2 号和 5 号立杆的底部传感器坏掉，故只对 1 号、3 号、4 号、6 号立杆的上下端内力比值随浇筑过程的变化曲线做以下定性分析：

从图 4-26 可以看出：1 号立杆的顶部与底部轴力比值大小大致分布在 45°线的附近，偏差不大，但与 45°线有 2 次交叉；3 号立杆的顶部与底部轴力比值大小全部在 45°线下侧，靠近底部轴力一侧，即顶部轴力小于底部；4 号立杆的顶部与底部轴力比值大小偏差很大，并且与45°线有2次交叉，曲线变化不够缓和，突变性强；6号立杆的顶部与底部轴力比值曲线呈下凹状，全部在45°线下侧，底部轴力大于顶部，并且轴力差值逐渐减小。

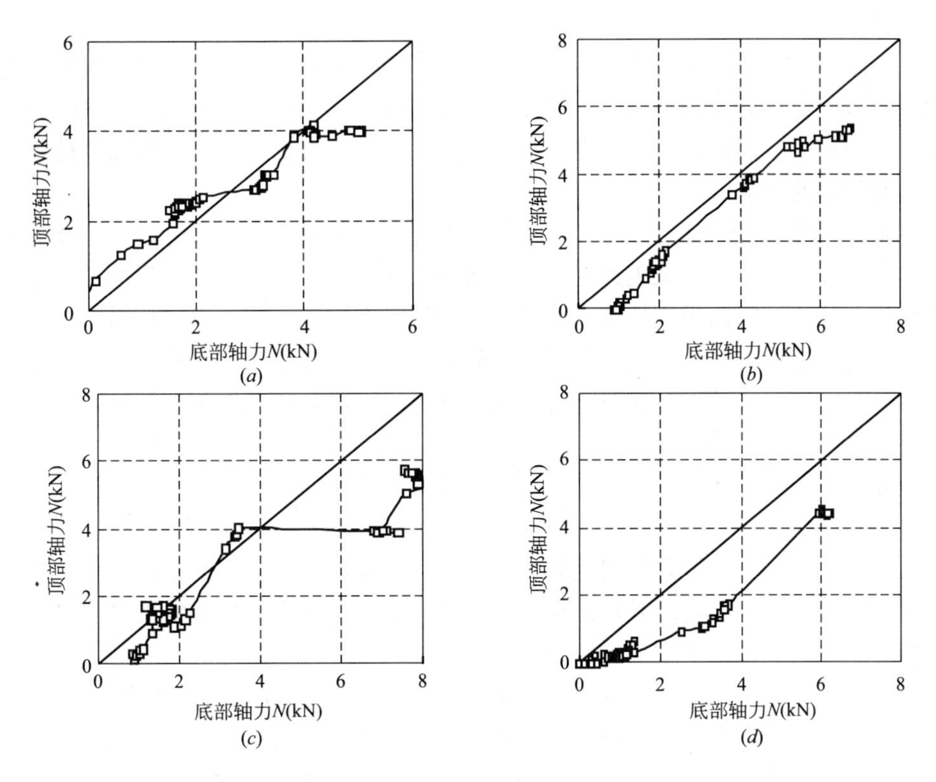

图4-26 立杆底部-顶部轴力变化关系图

(a)1号立杆；(b)3号立杆；(c)4号立杆；(d)6号立杆

根据施工现场特点，造成这种偏差的主要原因是：

(1) 泵管喷射混凝土时产生的水平力，泵车高压输送的混凝土在楼(屋)面板上平铺的泵管中流动时发生气动性水平振动，带动钢筋和模板一起移动，从而引起支撑立杆产生侧移或者侧向弯曲，同时也使得水平杆的调节作用增强，最终立杆的上下端轴力比值就发生显著变化。

(2) 混凝土浇筑路径的非对称不均匀原因引起的水平力，现浇梁板混凝土浇筑时，在非对称不均匀的浇筑路径下，模板支撑架整体由于局部受力，类似偏心荷载作用，造成支撑体系产生较大的水平位移，相当于支撑架立杆受到水平力作用，从而引起立杆轴力的上下端比值产生显著差异。

以上实测数据和分析结果表明：泵送混凝土浇筑过程中，由于泵管喷射、浇筑路径非对称不均匀等原因引起的水平力作用，使得支撑立杆的上下端轴力比值变化较大，对高支撑架体整体受力性能产生不利影响。

因此，为了减小水平力对模板高支撑体系受力的不利影响，建议选择合适的混凝土浇筑路径，如采用对称均匀浇筑方法可以减小水平荷载作用的不利影响。同时，在泵管喷射混凝土时，选用合理的管口高度和喷射角度，以此来减小由于混凝土泵送产生的水平力不利作用。

4.3 本章小结

(1) 综合胶合板模板和GMT模板的情况，可以认为立杆高差对立杆内力分布有较大的影响。立杆内力重分布后，内力比高差基本为0时增大50%~250%，但立杆高差对面板挠度的影响较小。因此，一方面在施工中要严格控制立杆高差，另一方面，计算公式必须考虑这种偏差的影响。

(2) 施工现场实测模板高支撑架在混凝土浇筑过程中的整体受力情况，针对高支撑架的立杆和水平杆，实时检测施工过程中支撑架杆件的内力和应力应变变化情况，为研究超高大跨结构扣件式钢管模板支撑体系的整体工作性能提供了真实可靠的数据。同时，这一检测方法为高支撑体系安全预警提供了一种有效的方法，假如施工过程中支撑体系中关键部位杆件(如角立杆、梁跨中立杆等)内力或位移超出限值，现场施工人员可以及时发现并作出反应，整改加固以确保安全生产。

(3) 通过对现场实测数据的分析，可以得到以下结论：

1) 混凝土的浇捣方式，对超高大跨模板支撑体系有较大影响。建议在立杆稳定计算过程中，对于泵送混凝土考虑竖向荷载冲击效应增大系数。同时，泵送混凝土情况下，立杆上、下部轴力差别较大，因此在计算板下支撑体系时，其立杆稳定承载力必须考虑由于水平杆和剪刀撑调节作用所增加的部分。

2) 对于超高大跨模板支撑体系，屋(楼)面的形式对立杆的轴力也有较大影响。斜屋面下各根立杆轴力大小不均匀更加突出，在计算中应考虑。根据本文的实测结果，2号立杆的轴力相差2倍，建议在斜屋面的模板支撑设计中，立杆稳定验算荷载效应乘以2，作为安全储备。

3) 水平横杆和剪刀撑有调节各根立杆内力的作用，但并不总是由梁底支撑的立杆传给板底支撑的立杆，即梁底立杆上端的轴力并不总是比下端的轴力大。因此，按现行截面方法进行模板支撑设计时，对于楼板板底的立杆计算应考虑适当的安全系数。

4) 现行规范按区域荷载法计算立杆轴力值是合理的，但是立杆的轴力不是沿高度均匀分布的，规范中将模板支撑架立杆稳定问题简化为一个步距的压杆稳定计算是值得商榷的。

第5章 高大模板扣件式钢管支撑体系整体受力性能有限元分析

5.1 概述

扣件式钢管支撑在高大模板支撑系统中采用较多，其设计和施工中的安全性受到了人们的关注。以往也有一些学者对高支撑系统的整体受力性能进行有限元分析，例如杨宏伟[61]、袁雪霞[60]、刘静[62]、章雪峰[24]。他们在计算中多数将相同荷载均匀施加在立杆上，而在初始缺陷考虑中是在主节点处施加水平力，荷载为竖向荷载的1%，部分未考虑水平荷载。

考虑到每个立杆所受的荷载可能不同，实际工况中荷载是直接施加在模板上的。本文为更形象和准确模拟模板支撑体系的整体受力性能，在模拟中也建立了方木和模板的模型，荷载施加在模板上。对于初始缺陷的考虑，采用第一阶屈曲模态模拟结构初始缺陷分布规律，乘以模态比例因子输入到非线性屈曲分析模型中。采用有限元软件ABAQUS，在整体受力性能分析的基础上，获得立杆失稳时的临界荷载。考虑高大支撑安全性因素，对不考虑工况的计算长度增加一个影响系数k，便于设计采用。

5.2 有限元分析模型

5.2.1 材料参数

计算时，材料参数取值如下：模板厚度18mm，方木尺寸100mm×100mm，密度500kg/m^3，弹性模量暂取12000MPa，泊松比0.1，抗压强度40MPa。

钢管直径48mm，壁厚3mm，密度7850kg/m^3，弹性模量206000MPa，泊松比0.3，抗拉强度235MPa。

立杆与横杆之间采用弹簧单元，弹簧考虑非线性本构关系。每个节点之间采用六个弹簧，其中沿着立杆方向的弹簧表示滑移，横杆与立杆转动弹簧表示扭转。

滑移本构关系采用式(5-1)计算。

$$P=(0.369+3.06\ln(1+\Delta_1))e^{\frac{T_r}{40}} \tag{5-1}$$

式中 Δ_1——横杆位移(mm)；

T_r——扣件拧紧扭矩，≤50N·m；

P——竖向力(kN)。

直角扣件钢管节点扭矩(T)-转角(θ)的本构关系采用式(5-2)计算。

$$T=(-500\theta^2+11233\ \theta+39.3522)f(T_r)f(\Delta T)f(N) \tag{5-2}$$

其中
$$f(T_r)=1+0.409\ln\left(\frac{T_r}{40}\right)$$

$$f(\Delta T)=\left(\frac{\Delta T}{600}\right)^{-0.25}$$

$$f(N)=-0.0027N^2+0.0734N+0.7$$

式中 T——扭矩(N·m)；

θ——转角(rad)；

ΔT——加载幅度(N·m)，$\Delta T\leqslant 600$N·m；

T_r——扣件拧紧扭矩(N·m)；

N——周转次数，若 $N\geqslant 25$，取 $N=25$。本文计算中，ΔT 取 450N·m，N 取 10。

5.2.2 分析模型

图 5-1 为高大模板扣件式钢管支撑体系有限元模型，其中算例的计算条件为：主梁尺寸 $B_1\times H_1\times L_1=500\text{mm}\times 1200\text{mm}\times 24000\text{mm}$，次梁尺寸 $B_1\times H_1\times L_1=300\text{mm}\times 600\text{mm}\times 800\text{mm}$，板厚 $t=120$mm，拧紧扭力矩 $T=40$kN·m，支撑高度 $H=19.7$m，横杆步距 $h=1.6$m，立杆横距 $l_b=1.2$m，立杆纵距 $l_a=1.5$m，外伸长度 $a=0.3$m，扫地杆高度 0.2m。连墙件(与柱或剪力墙连接)从底层第一步纵向水平杆开始设置，三步三跨布置，剪刀撑根据《建筑施工模板安全技术规范》(JGJ 162—2008)布置。

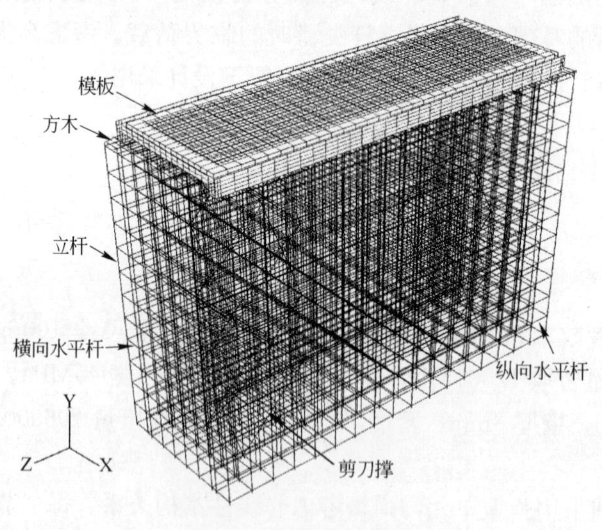

图 5-1 有限元分析模型

模板采用四节点减缩积分格式的壳单元 S4R，方木采用二节点梁单元 B31，立杆、水平杆、剪刀撑均采用二节点管单元 PIPE31。

模板与方木采用 Tie 连接，立杆与水平杆每个节点之间采用六个弹簧单元 SPRING2 模拟，考虑节点的半刚性连接。立杆与剪刀撑每个连接节点采用三个弹簧单元模拟铰接，立杆顶部与方木之间每个连接节点也采用三个弹簧 SPRING2 模拟，刚度取无穷大，计算中一般可取 10^{15}N/m。将 INP 导入 CAE 中可以显示线性弹簧单元连接，如图 5-2 所示。

立杆底部、剪刀撑底部与基础之间铰接，连墙件可视为单链杆，约束X方向水平位移。

荷载施加最终要获得极限承载力，本文在荷载施加时不是一次性在模板上施加很大荷载直至破坏，而是先根据《建筑施工模板安全技术规范》(JGJ 162—2008)将模板考虑的荷载及支撑系统的自重施加到模板和支撑系统上，然后再施加较大荷载直至结构破坏。

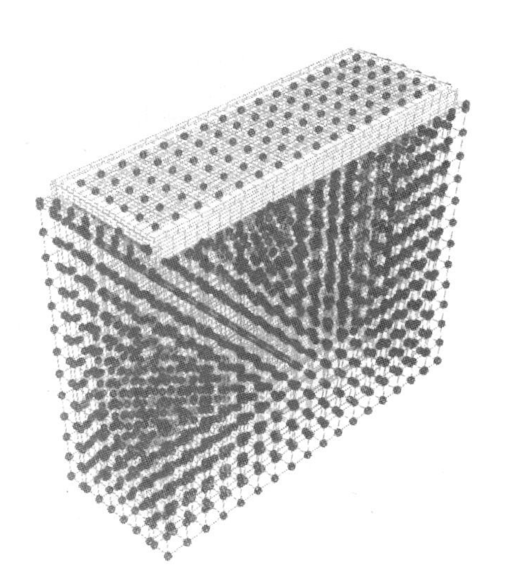

图 5-2　弹簧单元

所有钢管和方木的自重采用 ABAQUS 的 GRAVITY 直接施加，其他模板上竖向荷载考虑如下：

(1) 模板自重，梁取 0.5kN/m^2，平板取 0.3kN/m^2。

(2) 新浇筑混凝土自重，24kN/m^3。

(3) 钢筋自重，楼板取 1.1kN/m^3，梁取 1.5 kN/m^3。

(4) 对梁模板，考虑振捣或倾倒混凝土荷载，2.0kN/m^2；对于楼板，考虑施工人员及设备荷载，2.5kN/m^2。

对于泵送水平荷载，考虑正常工作压力16MPa，泵送管直径150mm，暂按照10%考虑荷载，为28.278kN。

施加完以上荷载后，再设置一个STEP，施加一个较大荷载在模板上，直至结构或构件发生失稳。

5.2.3　分析结果

整个分析过程包括两个步骤：一是进行特征值屈曲分析，获得最低阶屈曲模态，便于施加初始缺陷到非线性静力分析中，采用ABAQUS提供的BUCKLE计算；二是进行非线性屈曲分析，获得杆件或结构失稳的极限承载力，采用 ABAQUS 提供的 RIKS 计算。

5.2.3.1　特征值屈曲分析

图 5-3 给出模板支撑体系前五阶屈曲模态，其中第一阶是支撑体系最容易出现的屈曲形式。可以看出，屈曲模态均为横向失稳，屈曲模态主要呈现波浪形，对于第一阶屈曲模态，根据连墙件布置高度，每三跨高度接近一个半波，中间两个半波波峰的挠度最大，屈曲形态基本沿着中等高度呈现反对称分布。对于其他阶模态，底部和顶部附近挠度较大，越高阶的特征值荷载越大，如果与一阶屈曲荷载相差较大，那么他们在屈曲中并不起主导作用。

5.2.3.2　非线性屈曲分析

通过特征值分析可以输出位移扰动网格，每个模态的最大变形均为1.0m，通过设置模态比例因子可以将较合理的扰动缺陷引入到非线性屈曲分析模型中，假设钢管初始挠度为 $h/1000$，h 为步距。模态比例因子取 $h/1000$，本文在承载力影响因素分析中也将对其他取值做进一步分析。

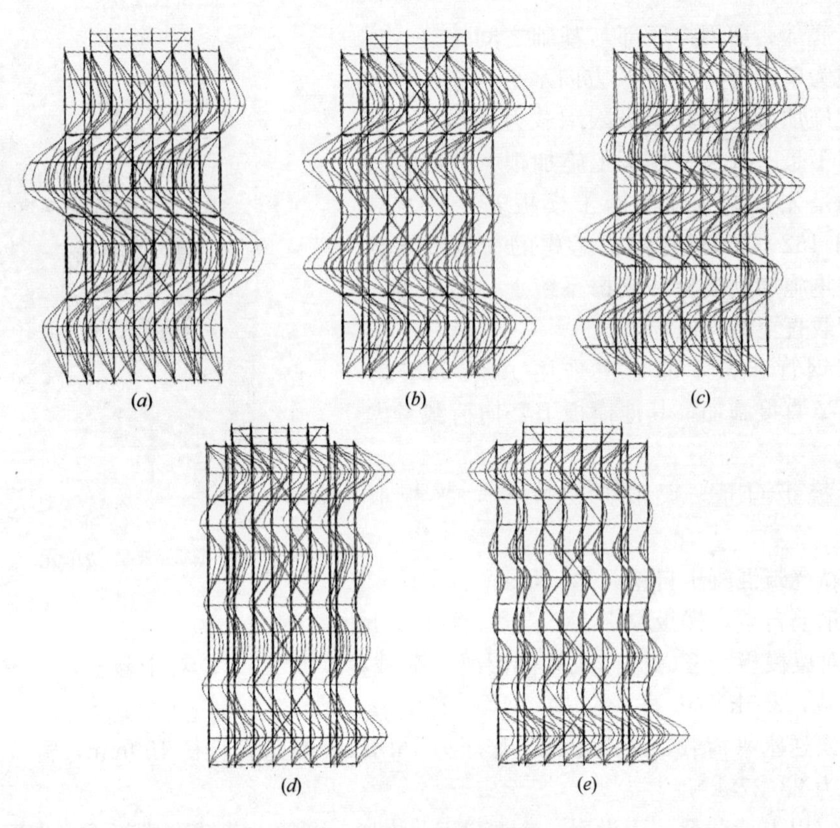

图 5-3　前五阶屈曲模态

(a)一阶；(b)二阶；(c)三阶；(d)四阶；(e)五阶

图 5-4 所示为有限元非线性屈曲分析计算结果，其中图中变形放大了 100 倍。可以看出，支撑体系的整体变形和最低阶屈曲模态的形状是一致的，呈现大波浪形鼓曲，最先发生失稳破坏的杆件是主梁跨中边立杆，这主要是因为最边缘立杆横向支撑较弱，稳定承载力相对较低，此时该立杆的 Mises 应力为 126.4MPa，尚未达到屈服强度。此时，模板支撑体系中最大侧向变形值为 7.9mm。

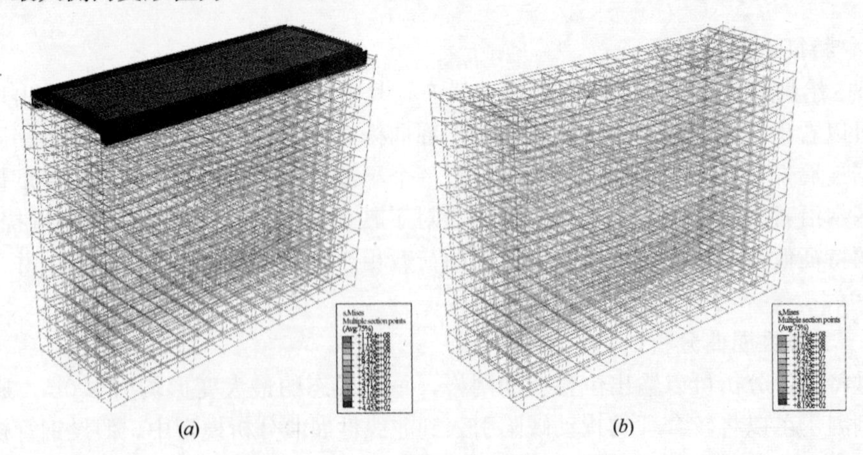

图 5-4　有限元计算结果(一)

(a)整体模型 Mises 应力；(b)钢管支撑 Mises 应力

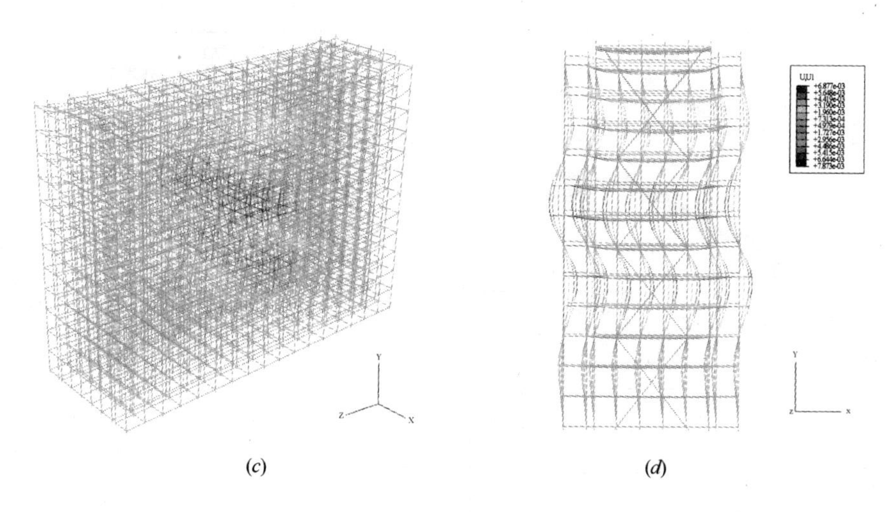

(c) (d)

图 5-4 有限元计算结果(二)
(c)钢管支撑横向变形；(d)钢管支撑 YX 平面横向变形

5.3 算例分析

采用上述方法，对作者进行过的试验进行计算。试验中主要测试的是梁在浇筑过程中立杆上下端轴力的变化情况，因此本文为了简化模型，仅仅建立梁模板、方木和支撑的模型，旁边横杆对边立杆的约束作用暂时采用章雪峰[24]建议的弹簧刚度 52N/mm。由于在现场试验准备过程中，测试的立杆顶托与方木拧得较紧，根据各现场试验的实际情况，适当考虑其他立杆与方木之间存在不超过 1mm 的平均微小间隙。

5.3.1 丹宁顿小镇别墅

丹宁顿小镇位于福州闽侯上街镇，其小区会所屋面为斜屋面，檐口高度 12m，屋面梁的跨度 18m，属于超高大跨支撑系统。对其中 300mm×1200mm 屋面梁支撑系统进行实测。现场模板支撑搭设主要参数如下：垂直于梁轴线方向的立杆间距 670mm，顺着梁轴线方向的立杆间距 643mm，步距 1575mm。

图 5-5 和图 5-6 所示分别为丹宁顿小镇别墅立杆轴力计算与实测比较情况以及有限元计算结果。丹宁顿小镇别墅工程为人工浇筑，计算最终立杆轴力较小，1 号立杆浇筑过程-轴力关系曲线趋势基本吻合，2 号立杆浇筑过程-轴力关系曲线差别稍大，计算曲线低于实测曲线。从立杆上下部反力比较可以看出，计算的立杆顶部和底部反力比较接近，顶部稍大于底部。浇筑完毕后，有限元计算结果的立杆最大 Mises 应力为 9.63MPa，应力还很小。

5.3.2 家天下二期小学工程

家天下二期小学风雨操场工程位于福州市五四北新区，钢筋混凝土框架结构。该工程长 34m，宽为 20.1m，总高度为 10.32m；楼板厚 120mm，梁截面为 550mm×

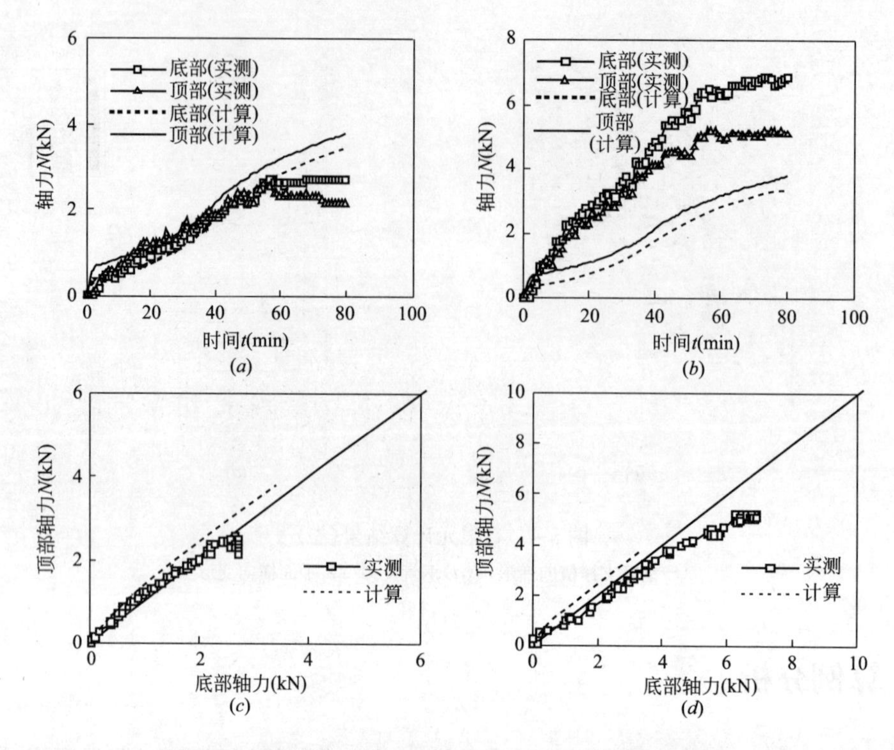

图 5-5　丹宁顿小镇别墅立杆轴力计算与实测比较情况

(a)、(c)1 号立杆；(b)、(d)2 号立杆

1200mm、300mm×700mm、250mm×600mm、300mm×500mm，选择对风雨操场支撑高度 10.32m，截面为 550mm×1200mm 的梁模板支撑体系进行实测。现场模板支撑搭设主要参数如下：垂直于梁轴线方向的立杆间距 834mm，顺着梁轴线方向的立杆间距 807mm，步距 1567mm。

图 5-7 和图 5-8 所示分别为家天下二期小学风雨操场工程立杆轴力计算与实测比较情况以及有限元程序计算结果。可见，计算的轴力变化过程与实测的趋势总体是一致的，实测曲线的顶部和底部轴力差别稍大。计算曲线中，顶部轴力也是高于底部轴力，但是二者与实测曲线接近，故从图 5-7(c)和(d)中也可以看出曲线有所偏离。由于主梁是水平的且跨度较大，距离跨中较远的混凝土浇筑对跨中影响较小，因此理论曲线和实测曲线在后期轴力总体增长不大。从有限元计算结果上看，混凝土浇筑完毕后，立杆最大应力为 27.86MPa。

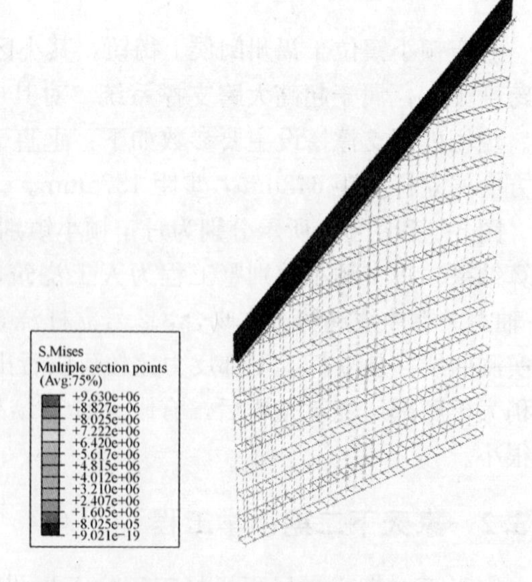

图 5-6　丹宁顿小镇别墅有限元模型结果

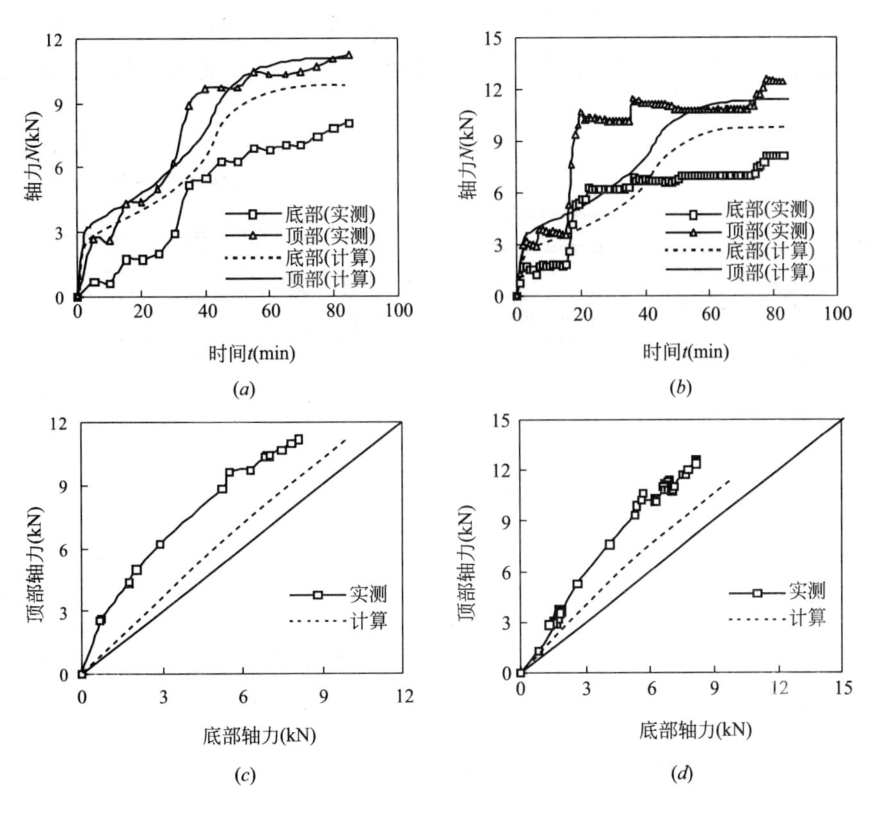

图 5-7　家天下二期小学工程立杆轴力计算与实测比较情况

(a)、(c)1 号立杆；(b)、(d)2 号立杆

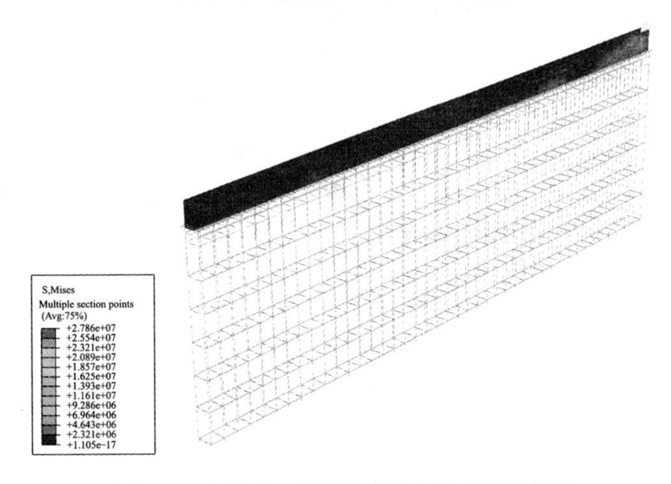

图 5-8　家天下二期小学工程有限元模型结果

5.3.3　福建工程学院新校区南区系部 E 组团工程

福建工程学院新校区南区系部 E 组团工程位于福州市闽侯县上街镇福州地区大学城福建工程学院新校区，属于框架结构。对其中支撑高度 25.2m，截面为 350mm×1000mm 的梁支撑系统进行现场实测。现场模板支撑搭设主要参数如下：垂直于梁轴线方向的立杆

间距 850mm，顺着梁轴线方向的立杆间距 1045mm，步距 1625mm。

图 5-9 和图 5-10 所示分别为福建工程学院新校区工程立杆轴力计算与实测比较情况

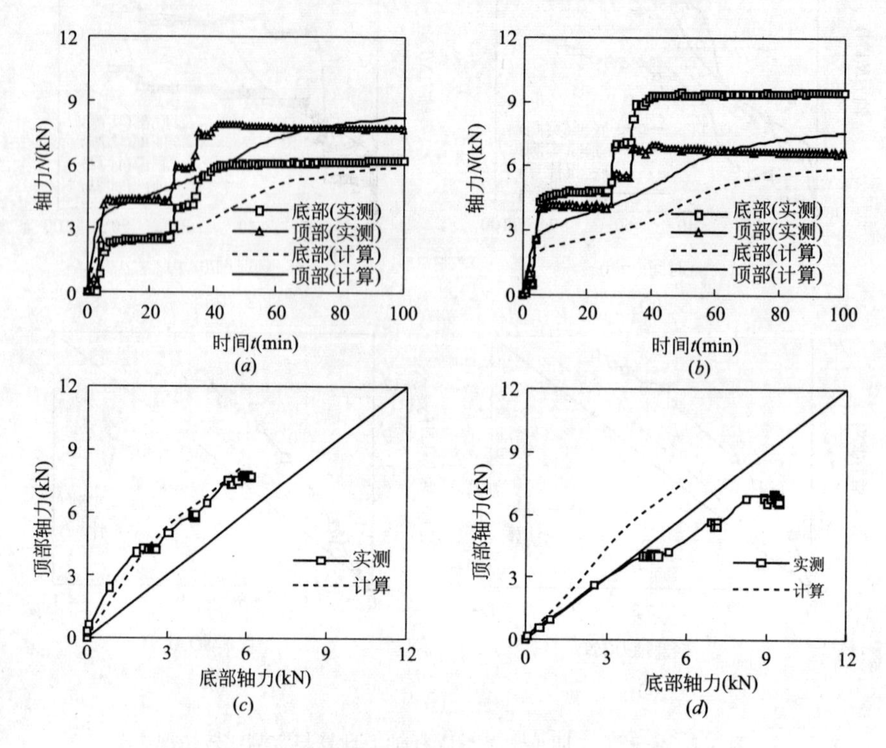

图 5-9　福建工程学院新校区工程立杆轴力计算与实测比较情况

(*a*)、(*c*)1 号立杆；(*b*)、(*d*)2 号立杆

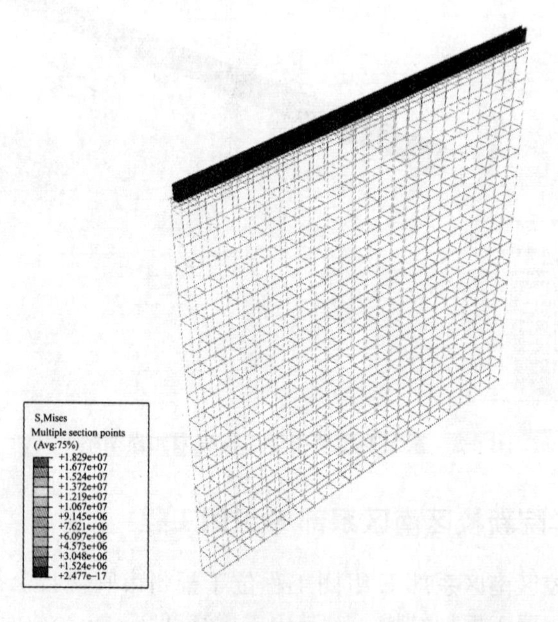

图 5-10　福建工程学院新校区工程有限元计算结果

以及有限元程序计算结果。总体上看，计算的轴力在浇筑过程变化情况与实测趋势存在偏差，但是总体趋势基本还是吻合的。计算的立杆顶部轴力大于底部轴力，这与1号立杆的实测曲线一致，偏差大小也相当，因此图5-9(c)中底部-顶部轴力比较吻合良好，而2号立杆的顶部实测轴力却低于底部轴力，这和计算存在偏差。混凝土浇筑完毕后，计算的立杆Mises应力最大为18.29MPa，整个模板支撑体系安全。

从以上算例不难看出，计算结果和试验结果的轴力-浇筑过程尽管存在偏差，但是总体趋势基本是吻合的。偏差的原因是多方面的，对于丹宁顿小镇别墅工程，浇筑方式为人工浇筑，浇筑速度较慢，而在有限元模型中荷载从下往上施加较快，同时浇筑过程中有时浇筑速度也不同，或者存在停顿等，这就造成了混凝土浇筑过程中时间与计算中时间的对应存在误差，时间对应的不够准确在家天下和福建工程学院新校区工程同样存在。如果在有限元模型中增加多个分析步骤，每个分析步骤逐渐施加试验过程中浇筑混凝土的量，这样势必大大增加了有限元模拟的难度和工作量。混凝土浇筑过程中的振动、冲击等在有限元模拟中也难以考虑，同时试验也受到多方面因素和不确定因素的影响。

5.4　承载力影响因素分析

通过有限元整体分析可以较方便地获得最先失稳立杆的临界荷载P_{cr}，由此获得立杆稳定系数ϕ和计算长度l_0。为便于分析和实用设计，定义高大支撑影响系数k的表达式如式(5-3)。

$$k=\frac{l_0}{h+2a} \tag{5-3}$$

式中　$h+2a$——不考虑高大支撑的计算长度；

h——步距；

a——外伸长度。

影响立杆承载力的可能因素有：拧紧扭力矩T、支撑高度H、横杆步距h、立杆纵距l_a、立杆横距l_b、初始缺陷、连墙件布置等。根据合理常见的高大模板支撑系统，选取典型算例：主梁尺寸$B_1\times H_1\times L_1=500\text{mm}\times1200\text{mm}\times24000\text{mm}$，次梁尺寸$B_1\times H_1\times L_1=300\text{mm}\times600\text{mm}\times8000\text{mm}$，板厚$t=120\text{mm}$，拧紧扭力矩$T=40\text{kN}\cdot\text{m}$，支撑高度$H=19.7\text{m}$，横杆步距$h=1.6\text{m}$，立杆横距$l_b=1.2\text{m}$，立杆纵距$l_a=1.5\text{m}$，外伸长度$a=0.3\text{m}$，扫地杆高度0.2m。连墙件(与柱或剪力墙连接)从底层第一步纵向水平杆开始设置，三步三跨布置，剪刀撑根据《建筑施工模板安全技术规范》(JGJ 162—2008)布置。钢管直径48mm，厚度3mm，屈服强度为235MPa，则其单立杆轴压极限承载力为99.64kN。

5.4.1　拧紧扭力矩 T

扣件节点的连接不是简单的铰接和刚性连接，而是半刚性连接。表5-1和图5-11分别给出拧紧扭力矩对承载力和高大支撑影响系数的影响和影响曲线。临界荷载取上端或者下端的小值，通过立杆上端和下端比较可见，立杆上端轴力要稍大于下端，这主要是因为上部荷载有的通过立杆和横杆等传递到其他杆件。随着拧紧扭力矩的增加，立杆稳定承载力增加，这主要是因为拧紧扭力矩越大，水平杆对立杆能够提供更有效的转动约束，加强模板支撑的整体刚度，提高了支撑系统的稳定承载力。同时拧紧扭力矩越大，立杆也能够更有效地将荷载传递给水平杆，能够更好地发挥各杆件的作用，整体效果也越好。拧紧扭力矩在小于 30kN・m 时降低幅度不容忽视，10kN・m、20kN・m 扭力矩的立杆稳定承载力比 40kN・m 的别低 14.64%和 7.02%，高大支撑影响系数 k 值降低也较快，因此为保证一定的安全性，施工中必须严格按照规范要求，保证拧紧扭力矩在 40～60kN・m。在这个范围内立杆稳定承载力和高大支撑影响系数变化基本不大，在拧紧扭力矩 50kN・m 和 60kN・m 的立杆稳定承载力比 40kN・m 分别增加 2.09%和 3.75%，高大支撑影响系数值降低 0.017 和 0.027。

拧紧扭力矩对承载力的影响 **表 5-1**

拧紧扭力矩 T (kN・m)	临界荷载 P_{cr}(kN)		承载力变化百分比	稳定系数 ϕ	计算长度 l_0 (mm)	不考虑高大支撑的计算长度 $h+2a$ (mm)	高大支撑影响系数 k
	上端	下端					
10	22.16	21.63	−14.64%	0.217	2936	2200	1.335
20	24.19	23.56	−7.02%	0.236	2800	2200	1.273
30	25.34	24.63	−2.80%	0.247	2731	2200	1.241
40	26.12	25.34	—	0.254	2688	2200	1.222
50	26.69	25.87	2.09%	0.260	2651	2200	1.205
60	27.13	26.29	3.75%	0.264	2629	2200	1.195

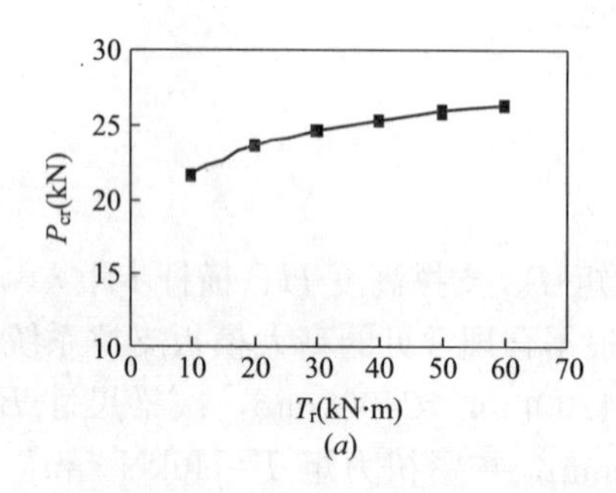

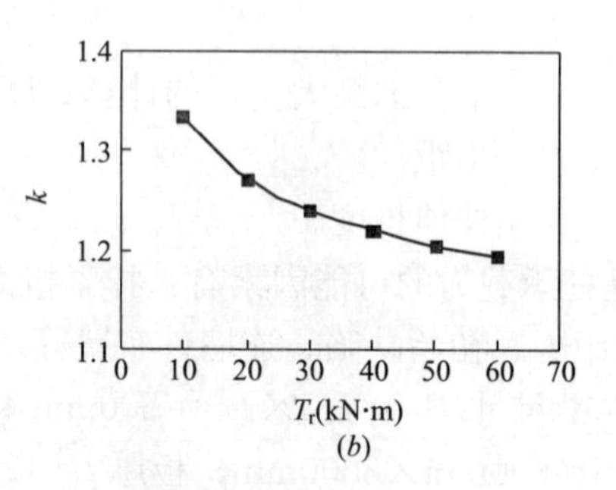

图 5-11 拧紧扭力矩的影响曲线

(a)P_{cr}-T_r 曲线；(b)k-T_r 曲线

5.4.2 支撑高度 *H*

表 5-2 和图 5-12 分别给出支撑高度对承载力及高大支撑影响系数的影响和影响曲线。可见，支撑高度影响主要在 $H \leqslant 10.1$m，随后影响很小。$H \leqslant 10.1$m 时，随着支撑高度的增加，整体横向刚度有所减小，立杆稳定承载力下降，支撑高度 5.3m 的稳定承载力比 19.7m 高 11.48%，高大支撑影响系数 k 值降低 0.078，低 6.4%，在设计公式中可适当考虑。

支撑高度对承载力的影响　　　　表 5-2

支撑高度 H (m)	临界荷载 P_{cr}(kN)		承载力变化百分比	稳定系数 ϕ	计算长度 l_0 (mm)	不考虑高大支撑的计算长度 $h+2a$ (mm)	高大支撑影响系数 k
	上端	下端					
5.3	28.45	28.25	11.48%	0.284	2517	2200	1.144
8.5	26.44	26.02	2.68%	0.261	2645	2200	1.202
10.1	25.90	25.61	1.07%	0.257	2667	2200	1.212
14.9	26.13	25.61	1.07%	0.257	2667	2200	1.212
19.7	26.12	25.34	—	0.254	2688	2200	1.222
24.5	26.40	25.53	0.75%	0.256	2672	2200	1.215
29.3	26.46	25.52	0.71%	0.256	2672	2200	1.215
38.9	26.84	25.74	1.58%	0.258	2661	2200	1.210

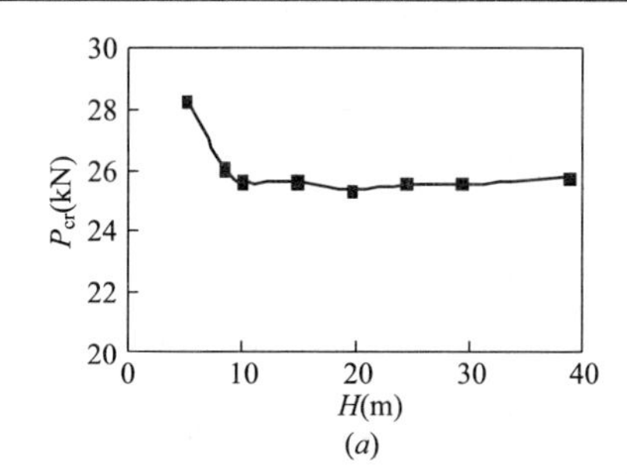

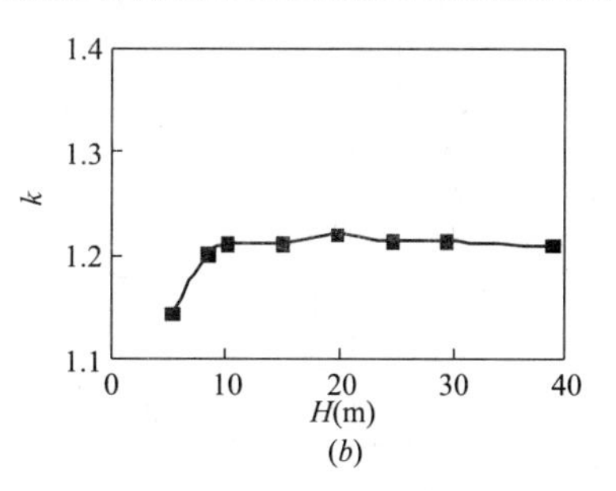

图 5-12　支撑高度的影响曲线

(a)P_{cr}-H 曲线；(b) k-H 曲线

5.4.3　横杆步距 h

横杆步距 h 对承载力和高大支撑影响系数影响较大，如表 5-3～表 5-6 和图 5-13 所示。可见，在不同的立杆纵距情况下，随着横杆步距的增加，在其他参数不变的条件下，水平杆的数量减少，对立杆的侧向支撑作用削弱，模板支撑系统的整体刚度减小，稳定承载力下降，稳定系数不断减小，计算长度也不断增加。由于不考虑高大支撑的计算长度增加更快，因此考虑高大支撑影响系数随着步距的增加而减小。例如，立杆纵距 1.5m 时，横杆步距 1.2m 的稳定承载力比步距 1.6m 可高 29.24%，k 值为 1.478；横杆步距 2.1m 的稳定承载力比 1.6m 低 10%左右。

横杆步距对承载力的影响(l_b=0.8m)　　　　表 5-3

横杆步距 h (m)	临界荷载 P_{cr}(kN)		承载力变化百分比	稳定系数 ϕ	计算长度 l_0 (mm)	不考虑高大支撑的计算长度 $h+2a$ (mm)	高大支撑影响系数 k
	上端	下端					
1.2	37.71	37.24	21.98%	0.374	2128	1800	1.182
1.4	33.78	33.35	9.24%	0.335	2280	2000	1.140
1.6	30.90	30.53	—	0.306	2408	2200	1.095
1.8	29.31	29.14	−4.55%	0.292	2476	2400	1.032
2.1	26.14	26.04	−14.71%	0.261	2645	2700	0.980

横杆步距对承载力的影响(l_b=1.0m) **表 5-4**

横杆步距 h (m)	临界荷载 P_{cr}(kN)		承载力变化百分比	稳定系数 ϕ	计算长度 l_0 (mm)	不考虑高大支撑的计算长度 $h+2a$ (mm)	高大支撑影响系数 k
	上端	下端					
1.2	34.89	33.87	26.10%	0.340	2260	1800	1.256
1.4	30.37	29.67	10.46%	0.298	2448	2000	1.224
1.6	27.42	26.86	—	0.270	2592	2200	1.178
1.8	25.49	25.18	−6.26%	0.253	2693	2400	1.122
2.1	24.54	24.24	−9.75%	0.243	2757	2700	1.021

横杆步距对承载力的影响(l_b=1.2m) **表 5-5**

横杆步距 h (m)	临界荷载 P_{cr}(kN)		承载力变化百分比	稳定系数 ϕ	计算长度 l_0 (mm)	不考虑高大支撑的计算长度 $h+2a$ (mm)	高大支撑影响系数 k
	上端	下端					
1.2	31.31	30.15	18.98%	0.303	2421	1800	1.345
1.4	28.30	27.44	8.29%	0.275	2565	2000	1.283
1.6	26.12	25.34	—	0.254	2688	2200	1.222
1.8	24.65	23.98	−5.37%	0.241	2768	2400	1.153
2.1	22.37	21.95	−13.38%	0.220	2912	2700	1.079

横杆步距对承载力的影响(l_b=1.5m) **表 5-6**

横杆步距 h (m)	临界荷载 P_{cr}(kN)		承载力变化百分比	稳定系数 ϕ	计算长度 l_0 (mm)	不考虑高大支撑的计算长度 $h+2a$ (mm)	高大支撑影响系数 k
	上端	下端					
1.2	26.65	25.68	29.24%	0.258	2661	1800	1.478
1.4	22.91	22.25	11.98%	0.223	2896	2000	1.448
1.6	20.42	19.87	—	0.199	3080	2200	1.400
1.8	19.02	18.65	−6.14%	0.187	3192	2400	1.330
2.1	18.28	17.96	−9.61%	0.180	3264	2700	1.209

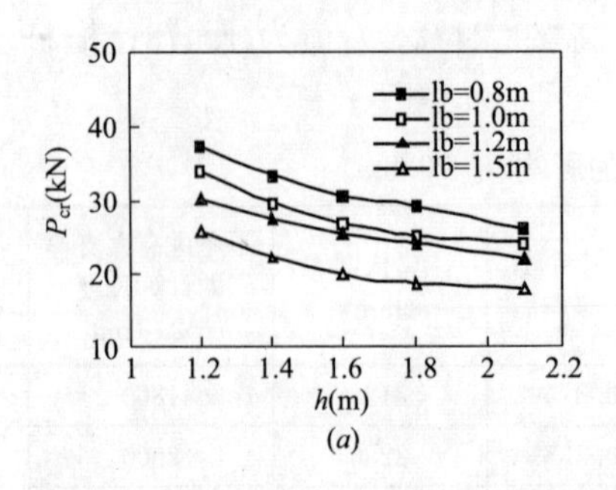

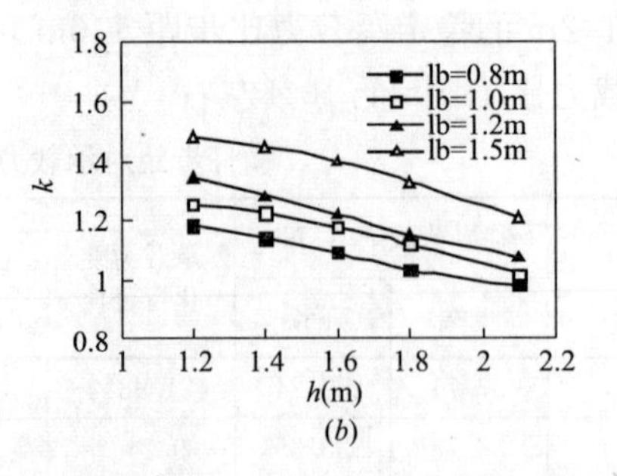

图 5-13 横杆步距的影响曲线

(a)P_{cr}-h 曲线；(b)k-h 曲线

5.4.4 立杆纵距 l_a

立杆纵距对稳定承载力及高大支撑影响系数的影响不大，如表 5-7 和图 5-14 所示，这主要是因为立杆纵距的增加对于高大模板支撑系统的整体横向刚度变化不明显。

立杆纵距对承载力的影响　　表 5-7

立杆纵距 l_a (m)	临界荷载 P_{cr}(kN)		承载力变化百分比	稳定系数 ϕ	计算长度 l_0 (mm)	不考虑高大支撑的计算长度 $h+2a$ (mm)	高大支撑影响系数 k
	上端	下端					
0.8	25.73	24.48	−3.39%	0.246	2736	2200	1.244
1.0	27.16	25.87	2.09%	0.260	2651	2200	1.205
1.2	26.73	25.70	1.42%	0.258	2661	2200	1.210
1.5	26.12	25.34	—	0.254	2688	2200	1.222

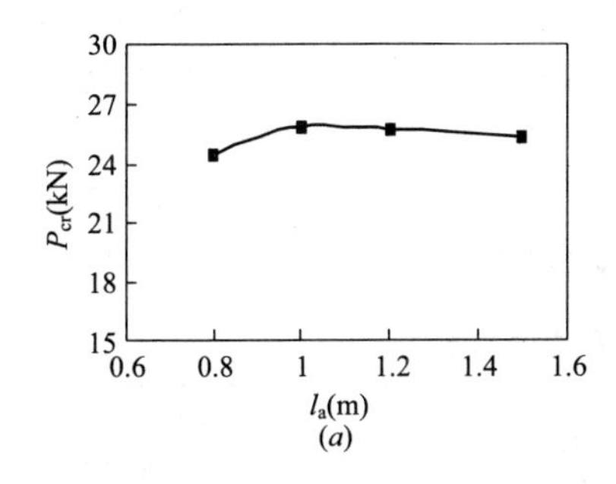

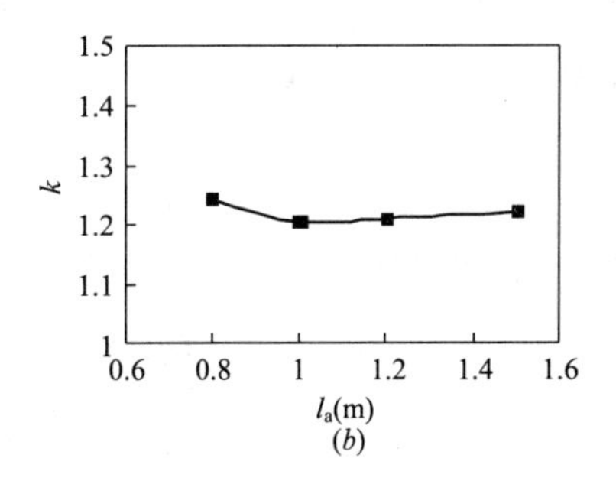

图 5-14　立杆纵距的影响曲线

(*a*)P_{cr}-l_a 曲线；(*b*) k-l_a 曲线

5.4.5 立杆横距 l_b

立杆横距对稳定承载力和高大支撑影响系数的影响显著，如表 5-8 和图 5-15 所示。可见，随着立杆横距的增加，在其他参数相同的条件下，立杆的数目减少，横向刚度减少，抵抗横向变形的能力下降，稳定承载力迅速下降，高大支撑影响系数增加较快。立杆横距 0.8m 和 1.5m 的稳定承载力分别比 1.2m 横距增加 20.48%和减少 21.59%，k 值分别为 1.095 和 1.400，变化幅度较大。

立杆横距对承载力的影响　　表 5-8

立杆横距 l_b (m)	临界荷载 P_{cr}(kN)		承载力变化百分比	稳定系数 ϕ	计算长度 l_0 (mm)	不考虑高大支撑的计算长度 $h+2a$ (mm)	高大支撑影响系数 k
	上端	下端					
0.8	30.90	30.53	20.48%	0.306	2408	2200	1.095
1.0	27.42	26.86	6.00%	0.270	2592	2200	1.178
1.2	26.12	25.34	—	0.254	2688	2200	1.222
1.5	20.42	19.87	−21.59%	0.199	3080	2200	1.400

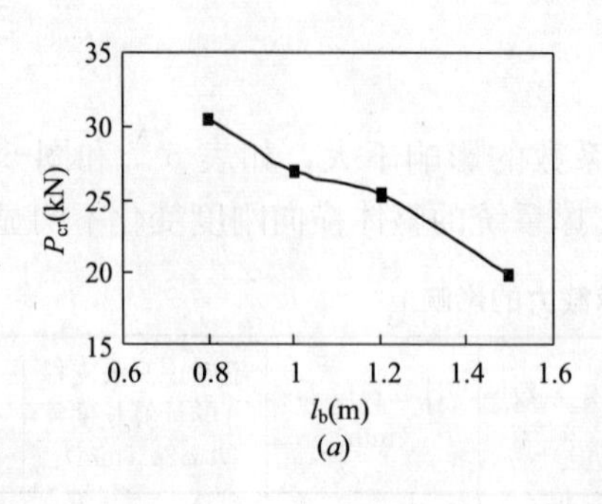

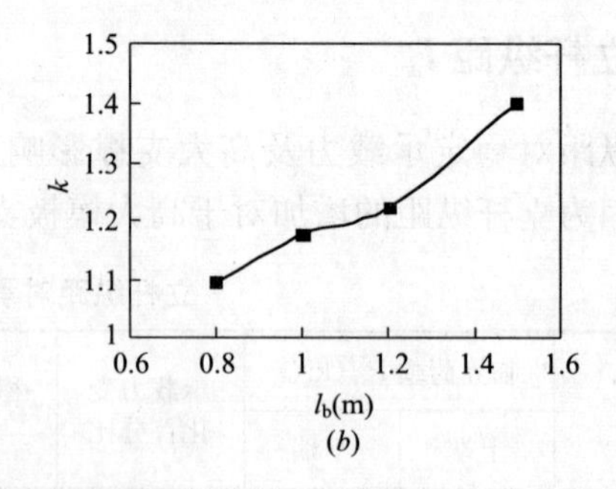

图 5-15　立杆横距的影响曲线

(a) P_{cr}-l_b 曲线；(b) k-l_b 曲线

5.4.6　初始缺陷

本文初始挠度形状是根据特征值屈曲分析的结果，挠度大小主要根据设置模态比例因子。表 5-9 和图 5-16 给出初始缺陷对稳定承载力和高大支撑影响系数的影响和影响曲线。可见，初始缺陷影响较大。如果初始挠度减小到原来的一半，稳定承载力可提高 8.29%；初始挠度如果增大到 2～5 倍，承载力可降低 9.47%～24.42%。因此在实际工程中，应该尽可能减少钢管的初始缺陷，保证钢管质量和安装质量。

初始缺陷对承载力的影响　　**表 5-9**

模态比例因子	临界荷载 P_{cr}(kN)		承载力变化百分比	稳定系数 ϕ	计算长度 l_0 (mm)	不考虑高大支撑的计算长度 $h+2a$ (mm)	高大支撑影响系数 k
	上端	下端					
0.1h/1000	31.41	30.46	20.21%	0.306	2408	2200	1.095
0.5h/1000	28.25	27.44	8.29%	0.275	2565	2200	1.166
h/1000	26.12	25.34	—	0.254	2688	2200	1.222
2h/1000	23.68	22.94	−9.47%	0.230	2843	2200	1.292
3h/1000	22.11	21.43	−15.43%	0.215	2952	2200	1.342
5h/1000	19.79	19.15	−24.42%	0.192	3144	2200	1.429

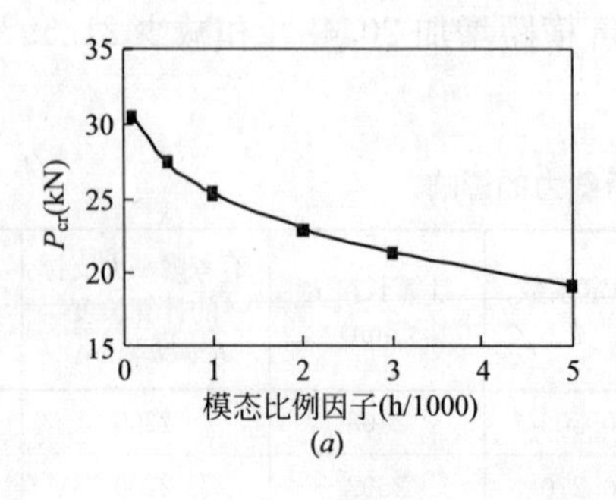

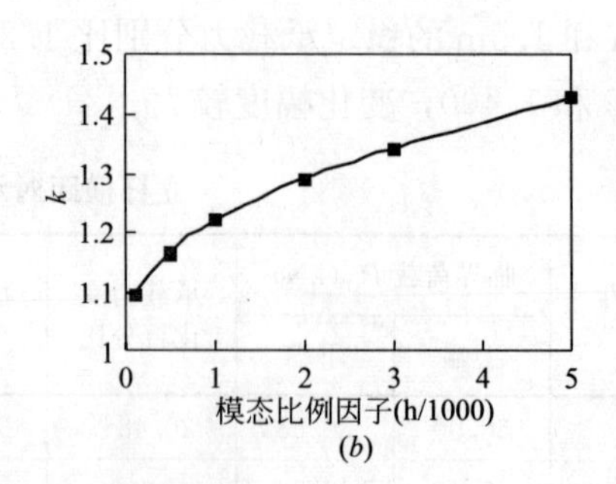

图 5-16　模态比例因子的影响曲线

(a) P_{cr}-模态比例因子；(b) k-模态比例因子

5.4.7 连墙件布置

对于高大模板支撑，必须利用柱或者剪力墙设置连接，其设置方法常见的有三步三跨和二步三跨。对于采用二步三跨，其稳定承载力会有所增加，其高大支撑影响系数有所减少，如表 5-10 所示。

连墙件布置对承载力的影响　　表 5-10

连墙件布置	临界荷载 P_{cr}(kN)		承载力变化百分比	稳定系数 ϕ	计算长度 l_0 (mm)	不考虑高大支撑的计算长度 $h+2a$ (mm)	高大支撑影响系数 k
	上端	下端					
三步三跨	26.12	25.34	—	0.254	2688	2200	1.222
二步三跨	28.01	27.17	7.22%	0.273	2576	2200	1.171

5.5 实用计算方法

利用有限元分析方法可以获得稳定承载力并考虑可靠度的因素，从而推算出高大支撑影响系数，但是采用这种方法建模比较复杂、计算速度较慢，不便于直接在工程中应用。利用参数分析的结果，对主要影响因素进行分析和回归，从而得到以横杆步距 h、立杆横距 l_b 和支撑高度 H 为参数的高大支撑影响系数 k 的简化计算公式(5-4)，为有关高大模板支撑系统的验算提供较为科学合理的依据且便于工程中应用。

$$k=k_H(1.2+0.175l_b^2-0.0828h^2)\quad\geqslant 1.0 \tag{5-4}$$

其中，$k_H=\begin{cases}0.021H+1.344 & (H<10\text{m})\\ 1.55 & (H\geqslant 10.1\text{m})\end{cases}$

公式的适用范围为：$H=5.3\sim38.9$m，$h=1.2\sim2.1$m，l_a 和 $l_b=0.8\sim1.5$m，其他构造措施按照《建筑施工模板安全技术规范》(JGJ 162—2008)设置。图 5-17 给出 k 值简化计算结果与数值计算结果的比较情况，图 5-18 为根据简化公式绘制的曲面，图中显示了部分参数分析的数据点。从图 5-17 和图 5-18 可以看出，简化公式的计算结果与有限元计算结果吻合较好。

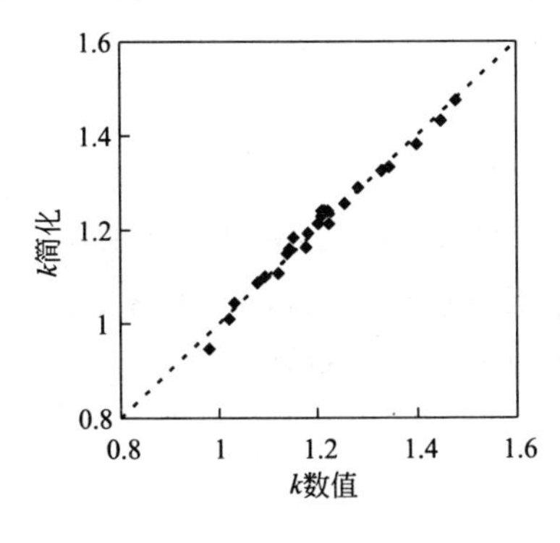

图 5-17　简化与数值计算结果比较

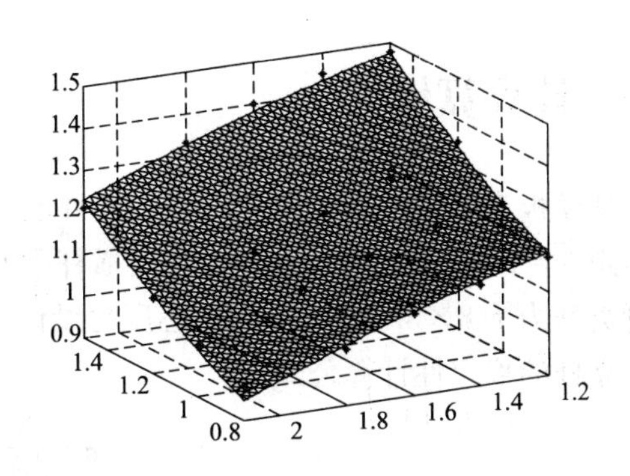

图 5-18　计算公式曲面

表 5-11 给出高大支撑影响系数 k 值的设计表格，可供设计参考。

高大支撑影响系数 k 值 **表 5-11**

支撑高度 H(m)	立杆横距 l_b(m)	步距 h（m）									
		1.2	1.3	1.4	1.5	1.6	1.7	1.8	1.9	2.0	2.1
5.5	0.6	1.665	1.635	1.602	1.567	1.530	1.490	1.448	0.6	1.665	1.635
	0.8	1.729	1.700	1.668	1.632	1.594	1.556	1.545	0.8	1.729	1.700
	0.9	1.773	1.743	1.709	1.675	1.638	1.598	1.556	0.9	1.773	1.743
	1.0	1.820	1.791	1.758	1.724	1.686	1.647	1.606	1.0	1.820	1.791
	1.1	1.875	1.844	1.811	1.776	1.740	1.700	1.656	1.1	1.875	1.844
	1.2	1.933	1.902	1.869	1.835	1.797	1.758	1.717	1.2	1.933	1.902
	1.3	1.996	1.965	1.933	1.897	1.862	1.820	1.779	1.3	1.996	1.965
	1.4	2.064	2.033	2.002	1.967	1.930	1.890	1.848	1.4	2.064	2.033
8.0	1.5	2.138	2.107	2.075	2.039	2.004	1.962	1.921	1.5	2.138	2.107
	0.6	1.725	1.694	1.660	1.624	1.585	1.544	1.500	0.6	1.725	1.694
	0.8	1.792	1.760	1.727	1.690	1.652	1.612	1.569	0.8	1.792	1.760
	0.9	1.838	1.805	1.771	1.736	1.696	1.655	1.612	0.9	1.838	1.805
	1.0	1.887	1.854	1.822	1.786	1.746	1.706	1.662	1.0	1.887	1.854
	1.1	1.943	1.910	1.876	1.841	1.801	1.760	1.717	1.1	1.943	1.910
	1.2	2.002	1.970	1.937	1.902	1.862	1.822	1.779	1.2	2.002	1.970
	1.3	2.067	2.036	2.002	1.965	1.928	1.887	1.844	1.3	2.067	2.036
≥10	1.4	2.138	2.107	2.073	2.038	1.999	1.958	1.915	1.4	2.138	2.107
	1.5	2.216	2.184	2.150	2.114	2.075	2.033	1.990	1.5	2.216	2.184
	0.6	1.773	1.741	1.706	1.669	1.629	1.587	1.542	0.6	1.773	1.741
	0.8	1.844	1.811	1.777	1.740	1.700	1.658	1.613	0.8	1.844	1.811
	0.9	1.890	1.857	1.822	1.785	1.746	1.703	1.658	0.9	1.890	1.857
	1.0	1.941	1.909	1.875	1.838	1.797	1.755	1.711	1.0	1.941	1.909
	1.1	1.998	1.965	1.930	1.893	1.854	1.811	1.766	1.1	1.998	1.965
	1.2	2.060	2.027	1.993	1.956	1.916	1.875	1.829	1.2	2.060	2.027

5.6 计算算例

某模板支架搭设高度为 21.8m，立杆的纵距 l_a=1.2m，立杆的横距 l_b=1.0m，立杆的步距 h=1.0m，立杆上端伸出顶层横杆中心线至模板支撑点的长度 a=0.30m。采用的钢管类型为 ϕ48×3.0，立杆的轴心压力设计值 N=10.64kN，试验算立杆稳定性。

立杆的稳定性计算公式

$$\sigma=\frac{N}{\phi A}\leqslant[f]$$

式中 N——立杆的轴心压力设计值，N=10.64kN；

ϕ——轴心受压立杆的稳定系数，由长细比 l_0/i 查表得到；

i——计算立杆的截面回转半径，$i=1.60$cm；

A——立杆净截面面积，$A=4.24\text{cm}^2$；

σ——钢管立杆抗压强度计算值(N/mm^2)；

$[f]$——钢管立杆抗压强度设计值，$[f]=205\text{N/mm}^2$；

l_0——计算长度(m)。

考虑高大支撑的影响系数，按照公式(5-4)计算或表 5-11 取值，计算结果为：

$$k=1.55(1.2+0.175\times1.0^2-0.0828\times1.0^2)=2.004$$

考虑到高大支撑架的安全因素，计算长度由以下公式计算：

$$l_0=k(h+2a)=2.004(1.0+2\times0.3)=3.206\text{m}$$

则 $l_0/i=3.206/0.016=200$，查《建筑施工模板安全技术规范》(JGJ 162—2008)附录 D 可得稳定系数 $\phi=0.186$。

立杆稳定性计算：$\sigma=\dfrac{N}{\phi A}=\dfrac{10640}{0.186\times424}=134.92\text{N/mm}^2\leqslant[f]$，满足要求。

模板承重架应根据《建筑施工模板安全技术规范》(JGJ 162—2008)利用剪力墙或柱布置连墙件，否则存在安全隐患。

5.7 结论

(1) 采用有限元软件 ABAQUS 建立高大模板扣件式钢管支撑体系整体受力性能分析的模型，模型中建立了模板和方木，荷载施加在模板上，荷载工况与实际情况更加符合，计算结果得到试验结果的验证。

(2) 横杆步距、立杆横距、初始缺陷对高大模板支撑体系立杆稳定承载力影响显著，随着横杆步距、立杆横距、模态比例因子的增加，稳定承载力迅速减少。支撑高度在 10m 以内，连墙件布置也有一定影响。施工中必须严格按照规范要求，保证拧紧扭力矩在40～65kN·m，在这个范围内立杆稳定承载力和高大支撑影响系数变化基本不大。在实际工程中，应该尽可能减少钢管的初始缺陷，保证钢管质量和安装质量。

(3) 在工程常用参数范围内，推导了高大支撑影响系数实用计算公式，简化计算结果与有限元计算结果吻合较好，最后给出了设计实例，可为有关工程设计提供参考。

参 考 文 献

［1］ 余宗明．新型脚手架的结构原理及安全应用．北京：中国铁道出版社，2001．

［2］ 糜嘉平．建筑模板与脚手架研究及应用．北京：中国建筑工业出版社，2001．

［3］ 糜嘉平．我国建筑模板行业技术进步的调研报告［J］．建筑施工，2006，28(1)：1-5．

［4］ 徐崇宝，张铁铮，潘景龙等．双排扣件式钢管脚手架工作性能的理论分析和试验研究［J］．哈尔滨建筑工程学院学报．1989，22(2)：38-55．

［5］ 袁欣平．扣件式钢管脚手架纵向水平杆架设水平度偏差值的实测数据分析．青岛建筑工程学院学报，1991，12(1)：14-17．

［6］ 袁欣平．扣件式钢管脚手架立杆架设垂直度允许偏差值的确定．青岛建筑工程学院学报，1990，11(2)：5-10．

［7］ 黄宝魁等．双排扣件式钢管脚手架整体稳定实验与理论分析．建筑技术，1991年9月：40-45．

［8］ 尹德生．钢管支架结点转动刚度的测定方法，吉林建筑工程学院学报，1995，6(2)：23-25．

［9］ 尹德生．空间受力钢管内力的三点测定法．力学与实践，1994，16(5)：40-41．

［10］ 张曼莉，刘晓薇．扣件钢管支架承载力的实验研究与分析，黑龙江矿业学院学报，1998，8(4)：50-53．

［11］ 敖鸿斐．双排扣件式钢管脚手架整体极限承载力研究．同济大学申请硕士学位论文，2000．

［12］ 李维滨，刘桐，郭正兴．扣件式钢管模板支架试验研究与施工建议．建筑技术开发，2004，35(8)：593-595．

［13］ 杨俊杰，顾仲文，章雪峰，金睿．扣件式钢管模板高支撑体系实测分析．施工技术，2006，35(2)：8-14．

［14］ 袁雪霞，金伟良．扣件式钢管支模架稳定承载力研究［J］．土木工程学报，2006，39(5)：43-50．

［15］ 肖炽，周观根，杨乾慧．钢管支架用直角扣件抗滑移试验研究．施工技术，2010，39(4)：85-86．

［16］ 姜旭，张其林，顾明剑，王洪军．新型插盘式脚手架的试验和数值模型研究．土木工程学报，2008，41(7)：55-60．

［17］ 胡长明，董攀，沈勤，张化振．扣件式钢管高大模板支架整体稳定试验研究．施工技术，2009，38(4)：70-72．

［18］ 葛召深，胡长明，王静，蒋明．扣件式钢管模板支架剪刀撑研究．施工技术，2009，38(8)：62-65．

［19］ 余宗明．钢管脚手架铰接计算法．建筑技术开发，1997，24(3)：25-28．

［20］ 杜荣军．脚手架结构的稳定承载能力．施工技术，2001，30(4)：1-5．

［21］ 刘宗仁．扣件式钢管脚手架临界下限计算方法．建筑技术，2001，32(8)：541-543．

［22］ 杜荣军．扣件式钢管模板高支撑架的设计和使用安全．施工技术，2002，31(3)：3-8．

［23］ 敖鸿斐，李国强．双排扣件式钢管脚手架的极限稳定承载力研究．力学季刊，2004，25(2)：213-218．

［24］ 章雪峰．混凝土结构扣件式钢管模板支撑体系整体受力分析．浙江工业大学硕士学位论文，2005．

［25］ 刘建民，李慧民．扣件式钢管模板支撑架立杆计算长度分析．施工技术，2005，34(3)：44-45．

［26］ Huang，Y. L. Chen，H. J，Rosowsky，D. V，Kao，Y. G，Load-carrying capadties and failure modes of scaffold-shoring systems，Part I：Modeling and experiment，Structural Engineering and Mechanics，10(1)，53-56．

［27］ Huang，Y. L，Kao，Y. G，Rosowsky，D. V，Load-carrying capacities and failure modes of scaffold-shoring systems，PartⅡ：An analytical model and its closed-form solution，Structural Engineering and Mechan-

ics，10(1)，66-79.
[28] K. Nielsen. Load on Reinforced Concrete Floor Slabs and Their Deformation During Construction [R]. Bulletin No. 15 Final Report，Swedish Cement and Concrete Research Institute，Royal Institute of Technology，Stockholm，1952.
[29] Ayyub B M，Haldar A. Reliability of RC BC buildings during Construction [J]. Specialty Conference on Probabilistic Mechanics，1984. Jan. 11-13：355-358.
[30] F. C. Hadipriono，H. K. Wang(1986). Analysis of Causes of Formwork Failures in Concrete Structures. J Const Engng Mgmt ASCE，112(1)，1986：112-21.
[31] F. C. Hadipriono，H. K. Wang(1987). Causes of Falsework Collapses during Constrution. Struc. Safety. 4 (3). 1987.
[32] Ashraf M El-Shahhat，David V，Rosowsky，et a1…Construction Safety of Muttistory Concrete Buildings [J]. ACI Structural Journal，1993，90(4)：335-341.
[33] D. V. Rosowsky，D. Hoston，P. Fuhr，W. F. Chen. Measuring framework loads during construction. ACI Concrete International，1994，16(11).
[34] D. V. Rosowsky，Huston. Dryver，Fuhr，Peter，Chen，Wai-Fah，Measuring formwork loads during construction，Concrete International，1994，11(16)：21-25.
[35] S. L. Chan，Z. H. Zhou，W. F. Chen，J. L. Peng. etc. (1995). Stability Analysis of Semirigid Steel Scaffoading. Engineering Structures. 17(8)，1995：568-574.
[36] J. L. Peng，A. D. Pan，D. V. Rosowsky，etal. High-clearance scaffold systems during construction [J]. Engineering Structure，1996，18(3)：247-257.
[37] S. L. Chan，A. D. Pan，W. F. Chen(2001)，Approximate Analysis Method for Modular Tubular Falsework. [J]. Journal of Structure Engineering. (3)2001：256-263.
[38] Godlley，M. H. R and Reale，R. G，Sway stiffness of Scaffold structures，The Structural Engineers，75(1)，4-12.
[39] Godlley，M. H. R and Reale，R. G，Analysis of large proprietary access scaffold structures，Structures & Buildings，146(1)，31-39.
[40] Weesner，L. B and Jones，H. L，Experimental and analytical capacity of frame scaffolding，Engineedng Structures，23，592-599.
[41] 关于印发《建设工程高大模板支撑系统施工安全监督管理导则》的通知. 建质 [2009] 254号，2009.
[42] 中华人民共和国行业标准．建筑施工模板安全技术规范(JGJ 162—2008). 北京：中国建筑工业出版社．2008.
[43] 中华人民共和国行业标准. 建筑施工扣件式钢管脚手架安全技术规范(JGJ 130—2011) [S]. 北京：中国建筑工业出版社，2011.
[44] 中华人民共和国行业标准. (JGJ 59—2011). 建筑施工安全检查标准. 北京：中国建筑工业出版社，2011.
[45] 赵艳林. 工程中的灰色决策理论与应用 [博士学位论文]. 西安建筑科技大学土木工程学院，1999.
[46] 邓聚龙. 灰色控制系统. 武汉：华中理工大学出版社，1985.
[47] 黄冬霞. 对棉花期货价格进行灰色预测的实证分析. 中国科技信息，2010，19：178-179
[48] 郝伟. 模糊层次分析法在桥梁加固方案中的应用研究. 建筑管理现代化，2009(4)：358-361.
[49] Saaty T. L. modeling unstructured decision problems：a theory of analytical hicrarchies. proceedings of the first international conference mathematical modeling，university of missoure rolla，1977；1：

59-77.
[50] Saaty t l . a scaling method for priorities in hierarchical structures. j math psychology ，1977；15：234-281.
[51] Narasimhan R. A geometric averging procedure for constructing supertransitive approximation to binary comparision matrices. fuzzysets and systems ，1982；8：53-61.
[52] 许树柏．实用决策方法．天津：天津大学出版社，1988.
[53] 周继忠，蔡雪峰．扣件式钢管脚手架施工安全风险识别与应对．施工技术，2008，37(2)：48-51.
[54] 苗晓坤，鲁晓丽．判断矩阵一致性两种调整方法的比较．辽宁工学院学报，2006，26(4)：262-265.
[55] Jiang Yan-ping，Fan Zhi-ping，Wang Xin-rong. Method to Improve the Consistency of Judgment Matrix in AHP [J]. Journal of Northeastren University(Natural Science)，2001，22(4)；468-470.
[56] 孙林柱．建筑方案评价的灰色关联．土木工程学报，2003(3)：25-29.
[57] 中华人民共和国国家标准．钢管脚手架扣件(GB 15831—2006)．北京：中国标准出版社，2007.
[58] 顾明剑．超高大跨度承重支撑体系设计施工研究．同济大学工学硕士学位论文，2006.
[59] 杨洋．大跨高耸脚手架支撑体系的研究．重庆大学硕士学位论文，2004.
[60] 袁雪霞．建筑施工模板支撑体系可靠性研究．浙江大学博士学位论文，2006.
[61] 杨宏伟．扣件式钢管模板支撑体系整体受力性能分析．中南大学硕士学位论文，2009.
[62] 刘静．直插式双自锁型多功能钢管脚手架稳定承载能力研究．湖南大学硕士学位论文，2008.